ドリルを　はじめる　みんなへ

この　ドリルでは　マインクラフトの　なかまたちと　いっしょに　プログラミングに　チャレンジするよ。
みんなも　学校で　プログラミングを　べんきょうして　いるよね。
もしかしたら　むずかしいと　おもって　いるかもしれないね。でも　大じょうぶ！
この　ドリルに　とりくめば　まるで　パズルで　あそぶみたいに　たのしく　プログラミングを　学べるよ。
ドリルを　といていくうちに　プログラミングが　みんなの　生かつに　とても　みぢかで　べんりだと　いう　ことが　わかるよ。

もくじ

このドリルの使い方

おうちの　人と　いっしょに　よみましょう。

ドリルの進め方

基本の問題
↓
まとめのミニテスト
を繰り返します。
↓
最後に
まとめのテストをします。

①勉強した日付を書きましょう。

②「おうちの方へ」（各単元のはじめにあります）では、プログラミングの基本の考え方を説明しています。

③答えは（　　）内に書きましょう。迷路は、線を引いて進みましょう。

④表と裏の問題が終わったら、答えのページを見て答え合わせをしましょう。問題文の右下にある点数を数えて、合計点（100点満点）を書きましょう。

⑤表と裏の問題が終わって、点数をつけたら、最後にやったねシールを貼りましょう。

カードを　かさねよう

やったね
シールを
はろう

おうちの方へ 順序のプログラミングを学ぶ
1～7では､｢順序｣について学びます。｢順序｣とは、決められた処理を１つずつ順番に実行することです。コンピュータは、命令を１つずつ順番に実行するので、正しい手順を考えることが大切になります。4の迷路では、「鉛筆で書く前に、１つずつ指をさしたりしながら進むといいね」などとアドバイスするとよいでしょう。

1 スティーブと　アレックスと　ゾンビの　カードを　下（した）から　じゅんに　かさねて　いきます。どの　じゅんに　かさねて　いきましたか。名（な）まえを　かきましょう。

60 てん
（1つ 20 てん）

スティーブ　アレックス　ゾンビ

①

（　　　　→　　　　→　　　　）

②
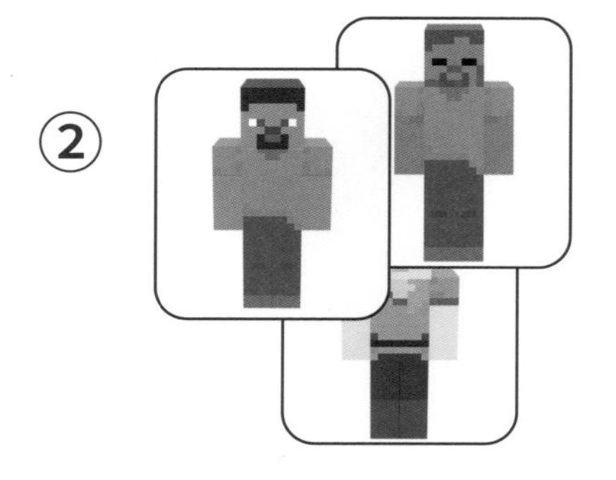
（　　　　→　　　　→　　　　）

③
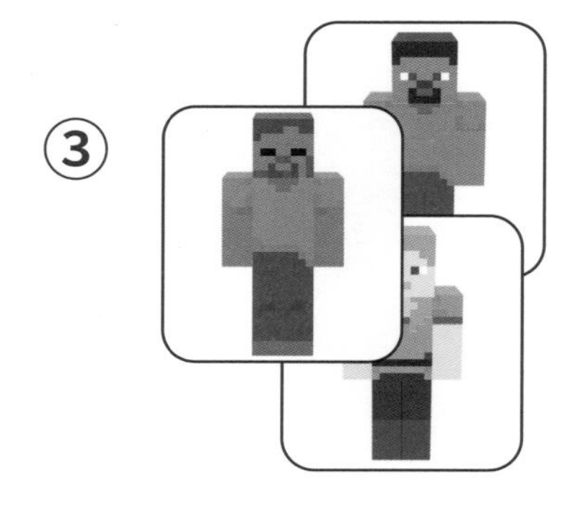
（　　　　→　　　　→　　　　）

2 生(い)きものの　カードを　下(した)から　じゅんに　かさねて　いきます。どの　じゅんに　かさねて　いきましたか。㋐～㋓を　かきましょう。

40 てん
（1 つ 10 てん）

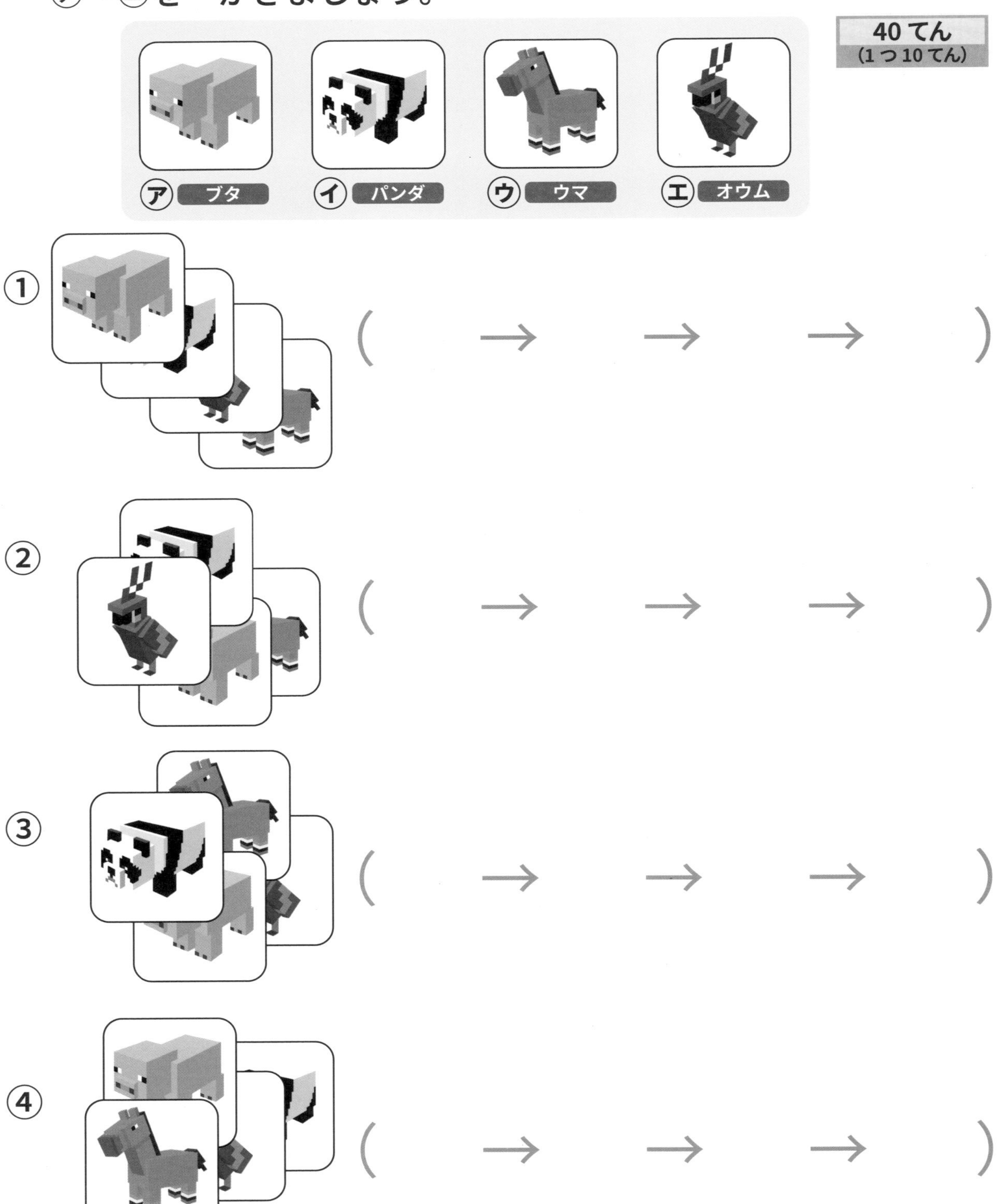

①（　　→　　→　　→　　）

②（　　→　　→　　→　　）

③（　　→　　→　　→　　）

④（　　→　　→　　→　　）

じゅんじょ

2 ほう石(せき)を　ほり出(だ)そう

やったね シールを はろう

1 スティーブが　どうくつで　ダイヤモンドを　ほり出(だ)します。
㋐〜㋒の　ブロックを　どの　じゅんばんに　上(うえ)から
こわせば　いいですか。

50てん

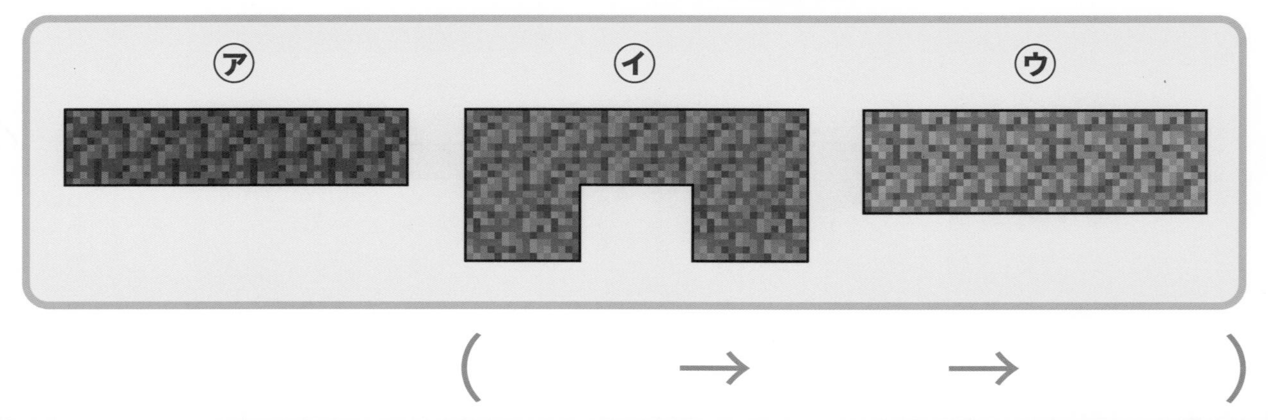

（　　　→　　　→　　　）

2 スティーブが　べつの　どうくつで　エメラルドを　ほり出し　ます。㋐～㋓の　ブロックを　どの　じゅんばんに　上から　こわせば　いいですか。

50てん

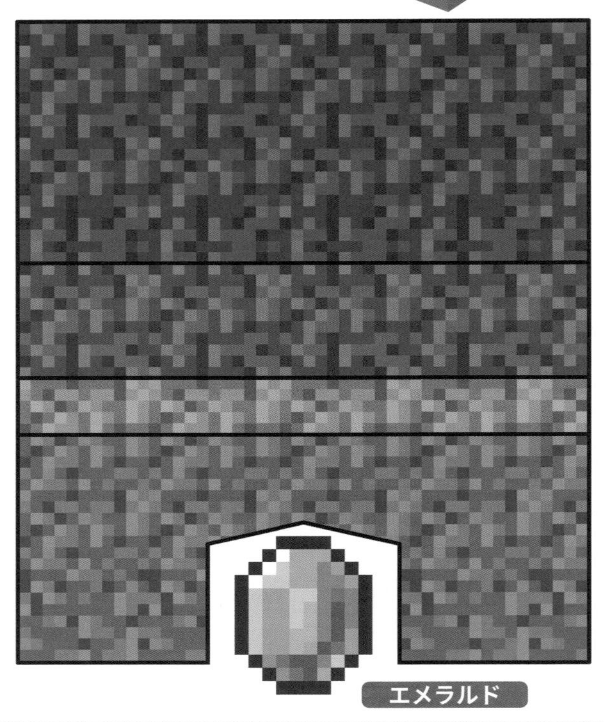

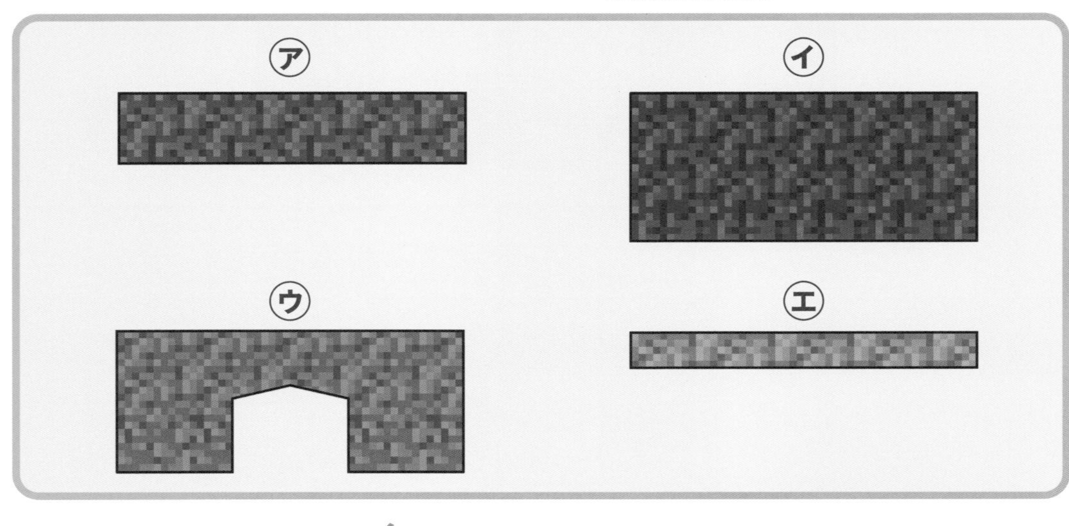

（　　→　　→　　→　　）

3

じゅんじょ

アレックスの　いえ

やったね
シールを
はろう

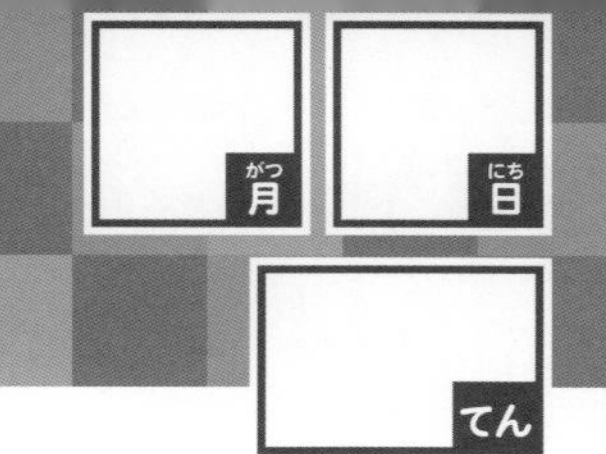

1 アレックスが　下から　じゅんばんに　ブロックを　つんで　いえを　つくります。㋐〜㋔の　どの　じゅんばんで　ブロックを　つめば　いいですか。

50 てん

まず　㋓の　土だいを
1ばん　下に　おくよ。

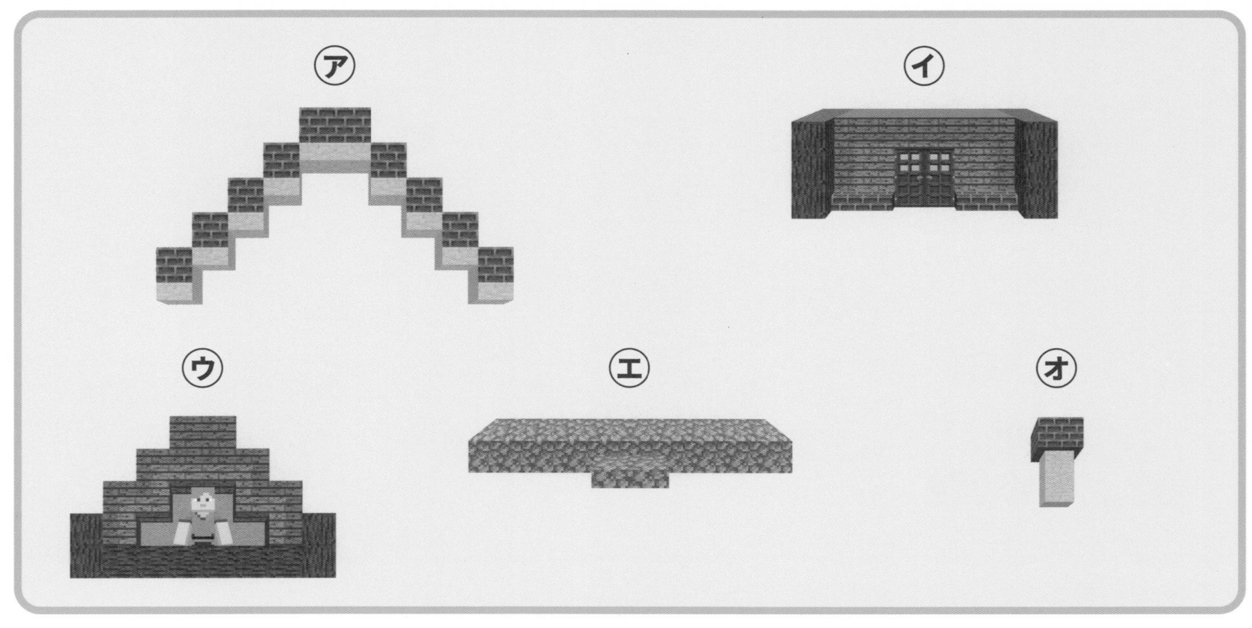

（ ㋓ →　　　→　　　→　　　→　　　）

2 アレックスは　もっと　りっぱな　いえを　つくる　ことに　しました。㋐〜㋔の　どの　じゅんばんで　ブロックを　つめば　いいですか。

50てん

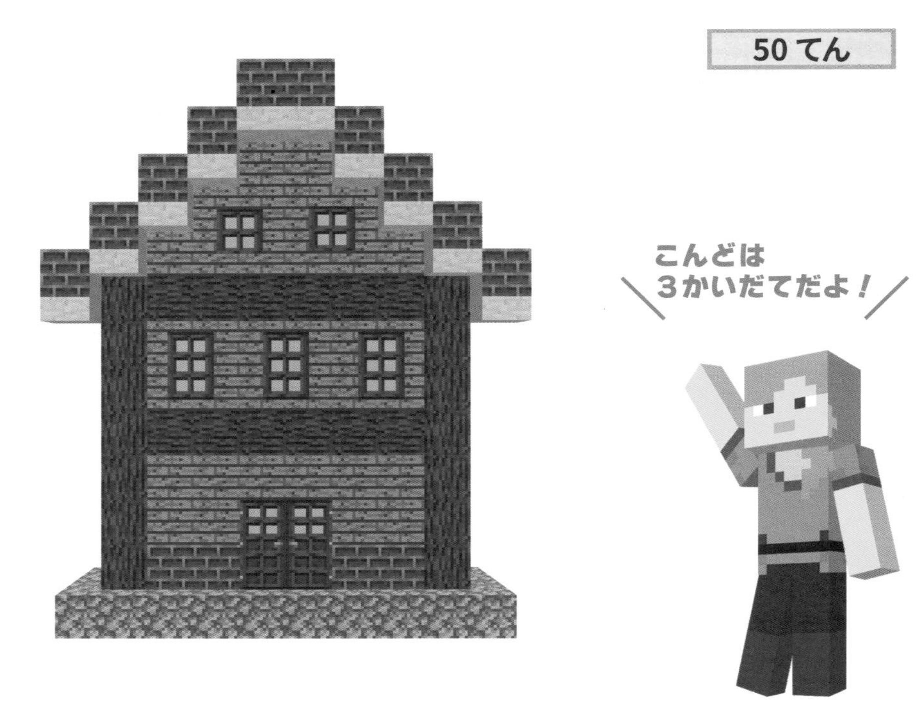

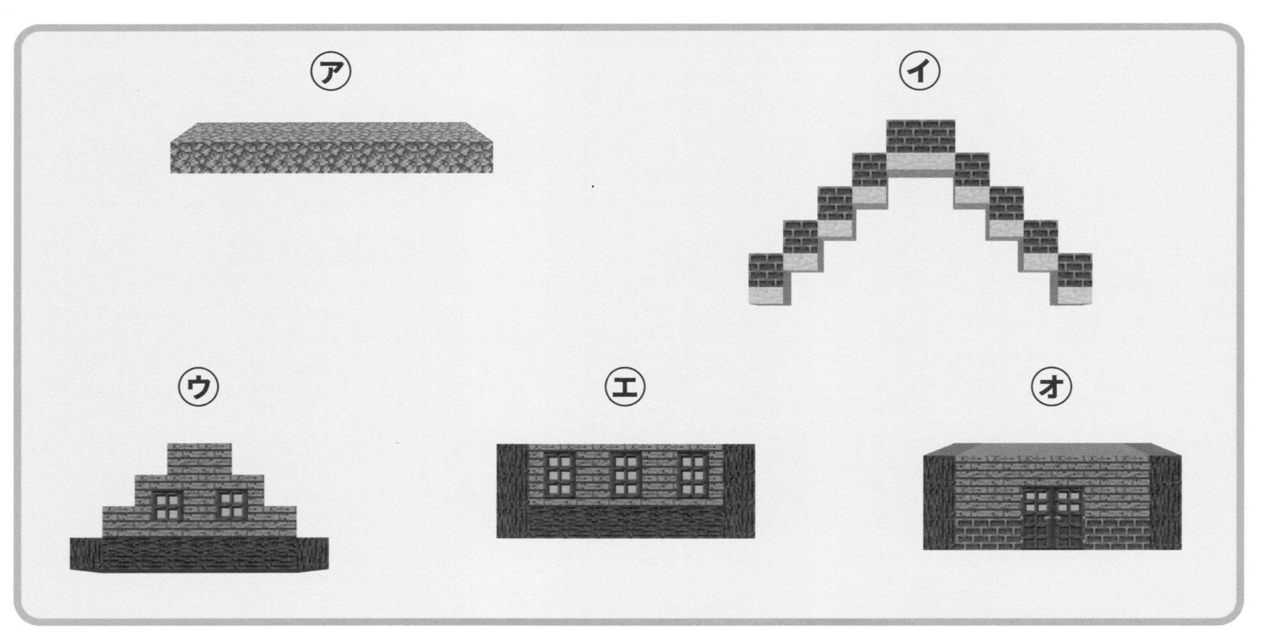

（　　→　　→　　→　　→　　）

じゅんじょ

4 キノコの　めいろ

やったね
シールを
はろう

がつ月　にち日

てん

1 ムーシュルームが　大(だい)すきな　キノコの　かずが
１つずつ　ふえるように　スタートから　ゴールまで
せんを　ひきながら　すすみましょう。おなじ　みちは
とおれません。

50 てん

おなじ　かずや
へるほうには
すすめないよ。

ムーシュルーム

☆ななめには　すすめないよ。

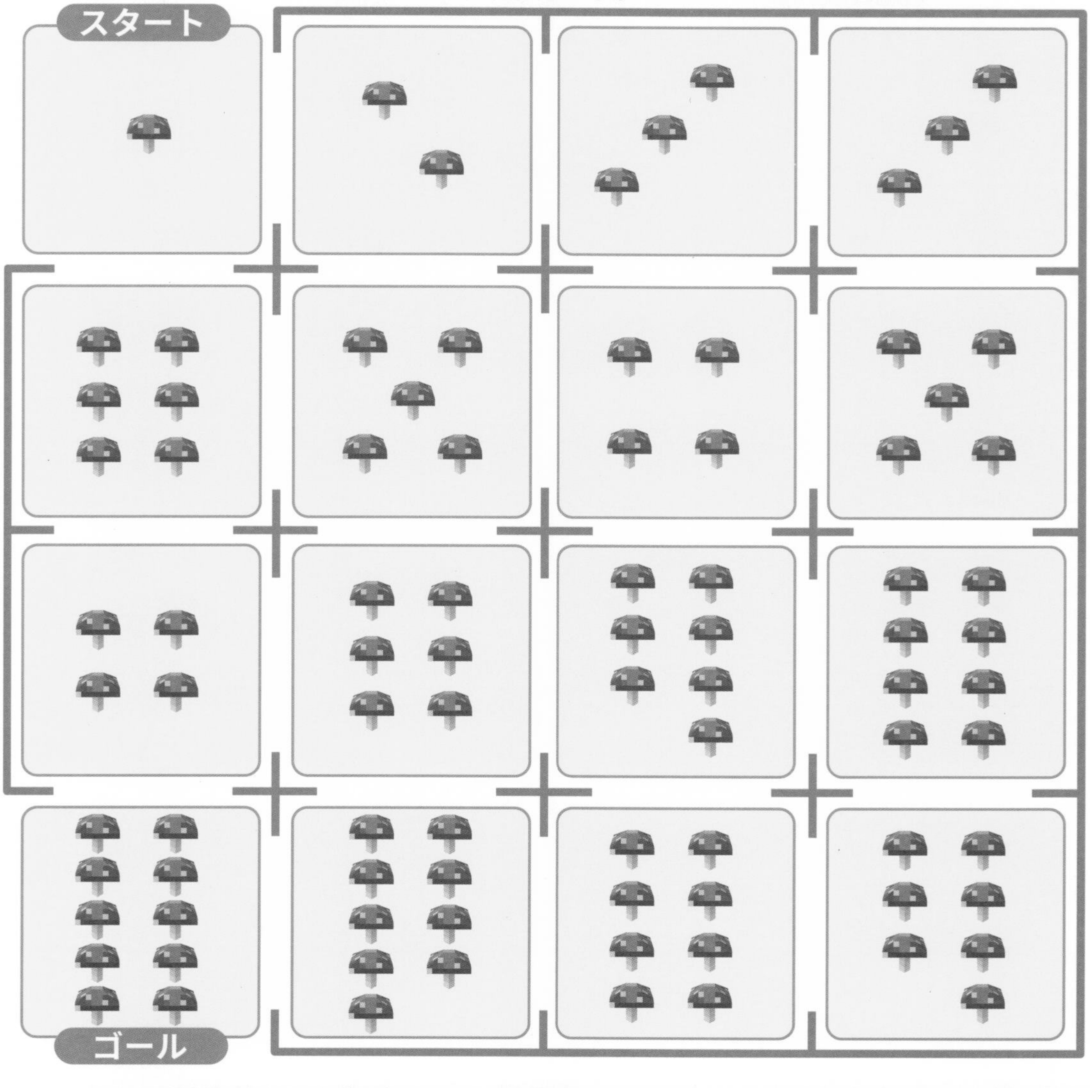

スタート

ゴール

2 こんどは　キノコの　かずが　1つずつ　へるように
スタートから　ゴールまで　せんを
ひきながら　すすみましょう。
おなじ　みちは　とおれません。

50てん

10→9→8と　じゅんに
へるように　すすむよ。

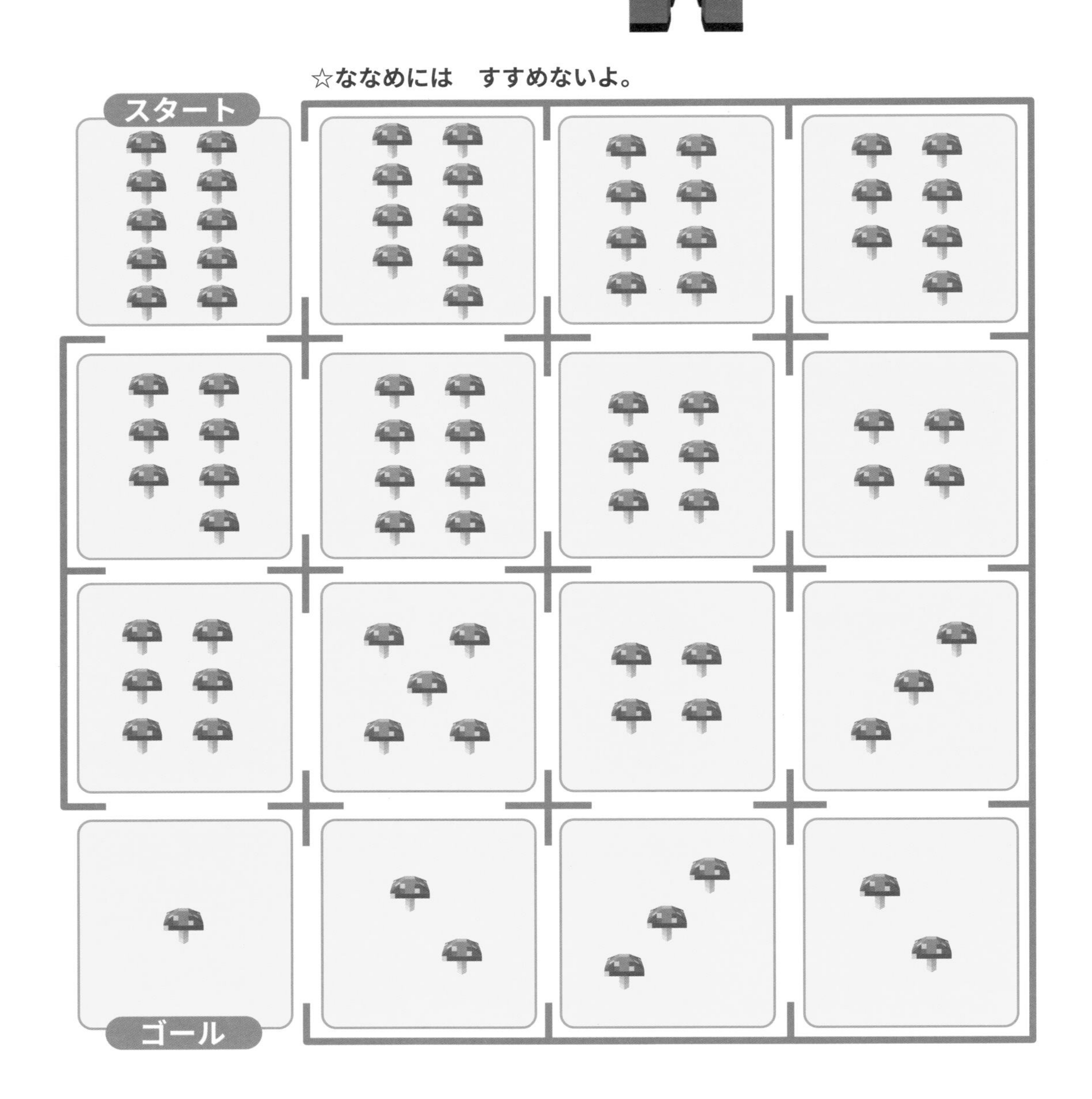

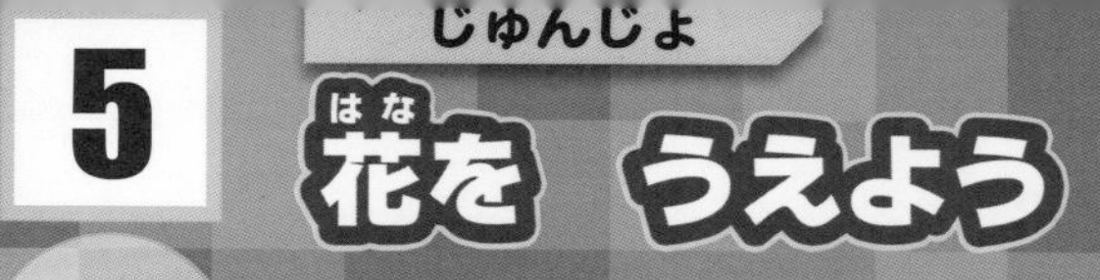

やったね
シールを
はろう

スティーブは　めいれいされた　じゅんばんの　とおりに
花を　うえ木ばちに　うえました。

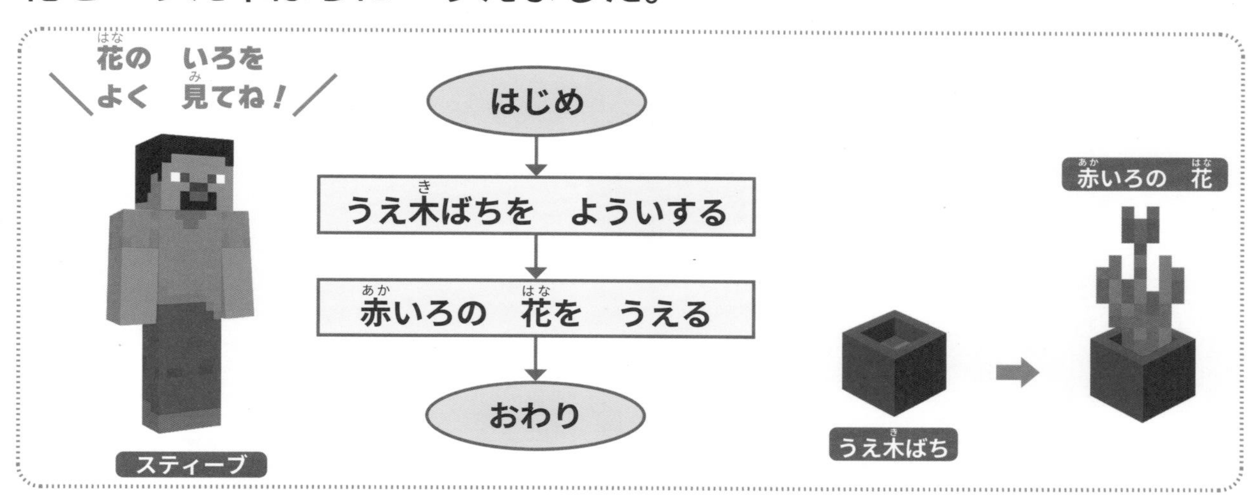

1 アレックスが　めいれいした　じゅんばんの　とおりに
うえた　ものは　㋐〜㋓の　どれですか。

50てん

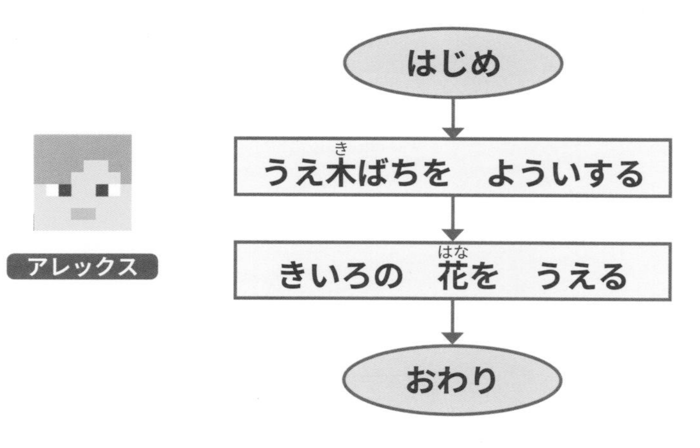

㋐ポピー

㋑スズラン

㋒バラ

㋓ヒマワリ

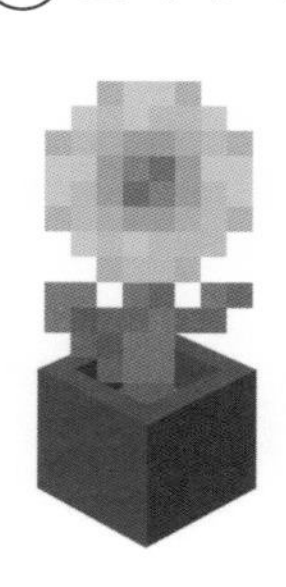

(　　　)

2 つぎの　花を　うえた　正しい　めいれいは
㋐〜㋓の　どれですか。

50 てん

こんどは
なにいろかな？

㋐

はじめ
↓
うえ木ばちを　よういする
↓
みどりいろの　花を　うえる
↓
おわり

㋑

はじめ
↓
バケツを　よういする
↓
むらさきいろの　花を　うえる
↓
おわり

㋒

はじめ
↓
うえ木ばちを　よういする
↓
むらさきいろの　花を　うえる
↓
おわり

㋓

はじめ
↓
バケツを　よういする
↓
赤いろの　花を　うえる
↓
おわり

（　　　　）

どうくつを　だっ出しよう

やったね シールを はろう

アレックスと　スティーブと　ニワトリが　どうくつを
だっ出します。

1 はしごの　手まえから　じゅんばんに　はしごを　のぼって
だっ出します。ニワトリが　出口に　出て　きたのは
なんばん目ですか。

25てん

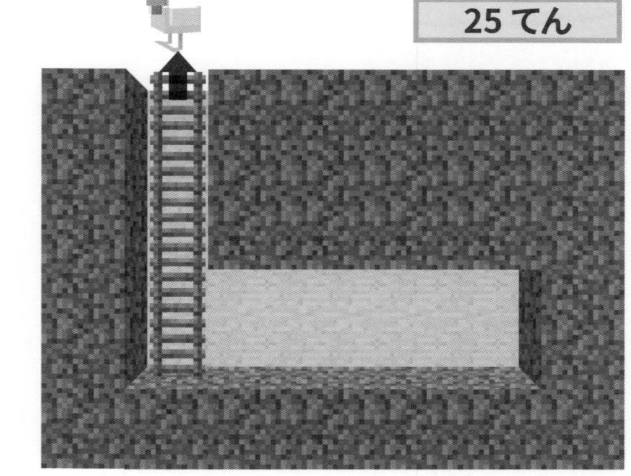

1ばん　まえから　じゅんばんに　のぼるよ。

(　　　　)ばん目

2 はしごの　手まえから　じゅんばんに　はしごを　のぼって
だっ出します。スティーブが　出口に　出て　きたのは
なんばん目ですか。

25てん

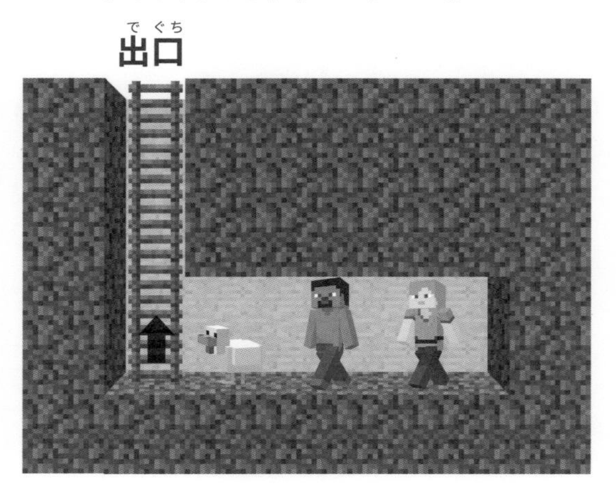

(　　　　)ばん目

3 はしごの　手まえから　じゅんばんに　はしごを　のぼって
だっ出します。アレックスが　出口に　出て　きたのは
なんばん目ですか。

25 てん

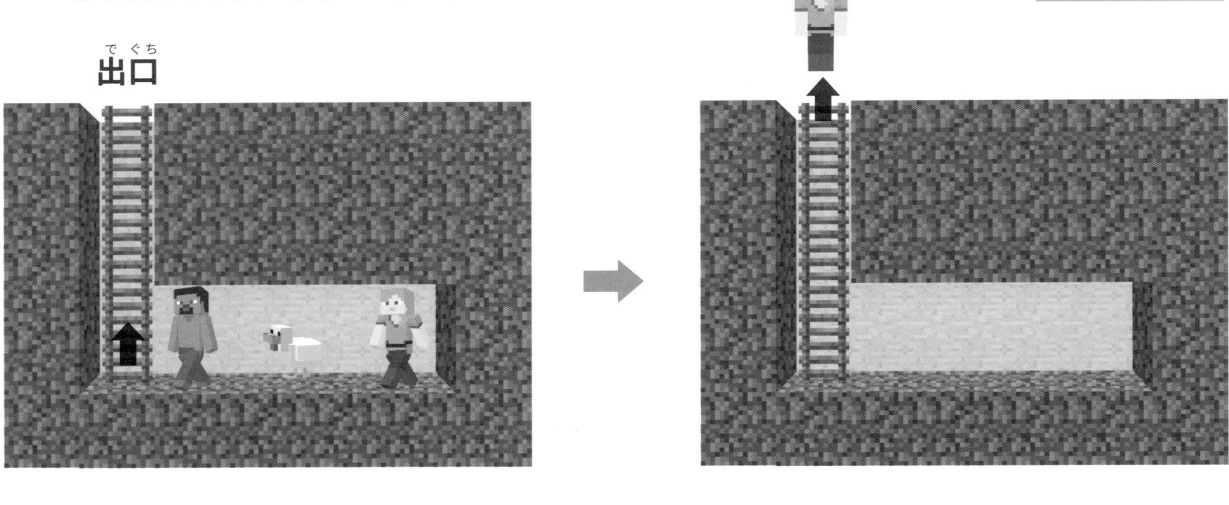

（　　　　）ばん目

4 はしごの　手まえから　じゅんばんに　はしごを　のぼって
だっ出します。ニワトリと　スティーブが　出口に　出て
きたのは　なんばん目と　なんばん目ですか。

25 てん

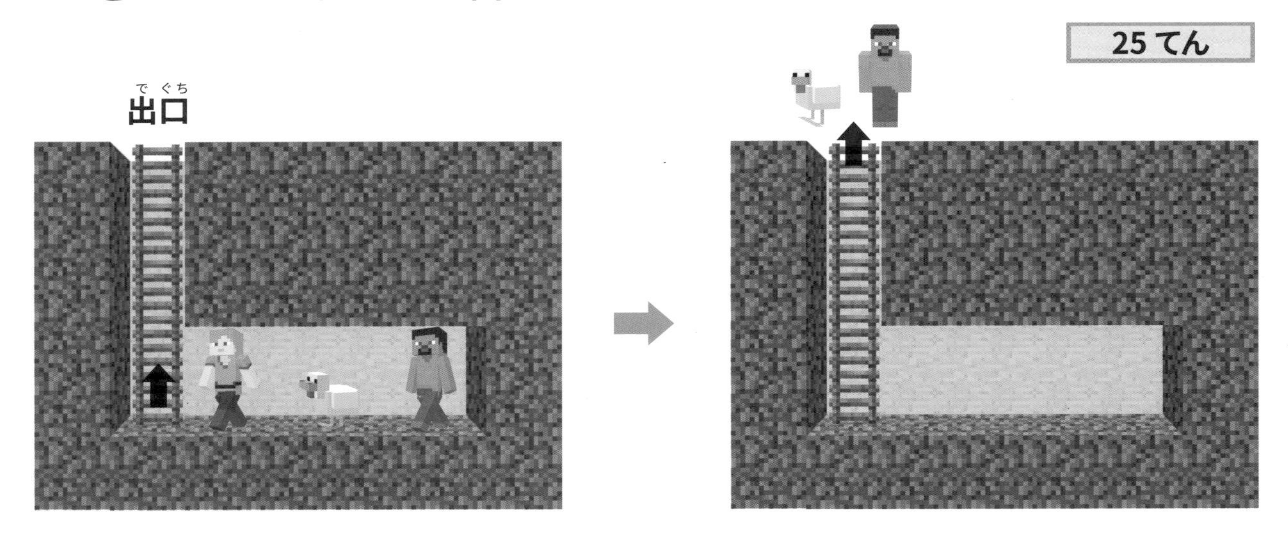

ニワトリ（　　　　）ばん目と　スティーブ（　　　　）ばん目

まとめの　ミニテスト

やったね シールを はろう

てん

3～14ページで　学しゅうした　「じゅんじょ」を　おさらいしましょう。

1 アレックスが　どうくつで　アメジストを　ほり出します。㋐～㋔の　ブロックを　どの　じゅんばんに　上から　こわせば　いいですか。

50てん

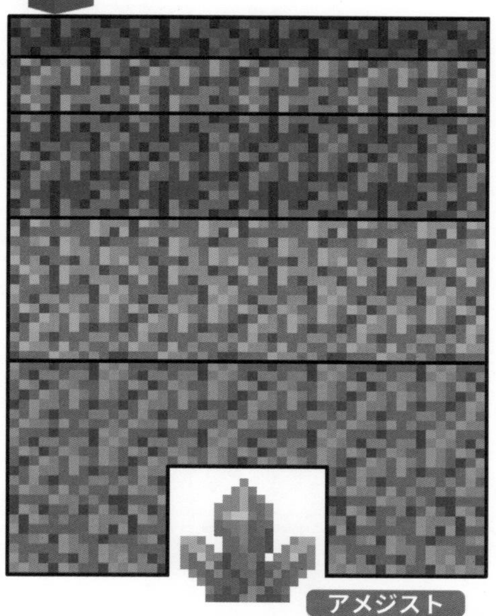

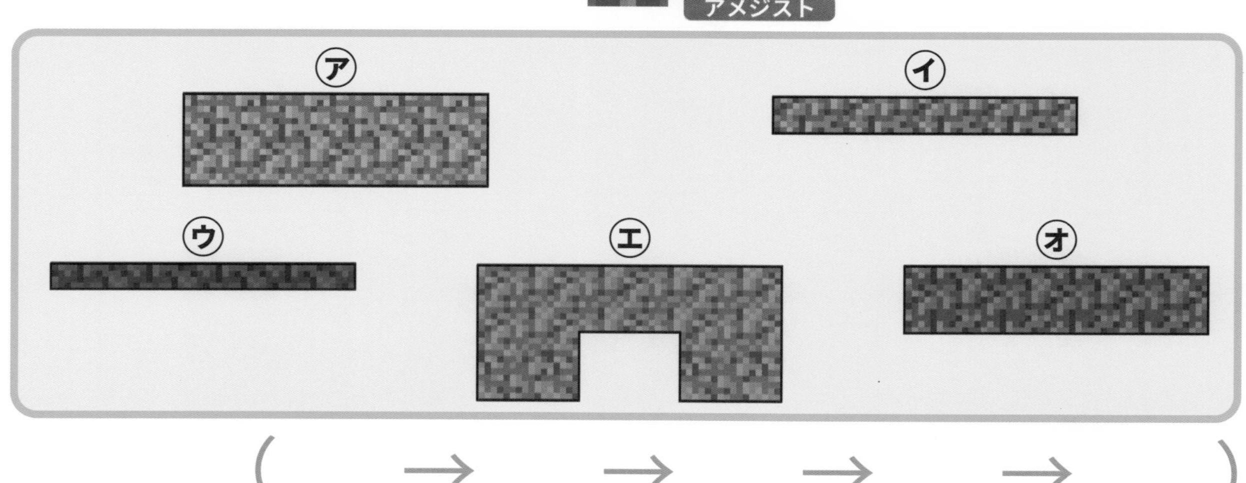

（　　→　　→　　→　　→　　）

2 ネコが　大すきな　さかなの　かずが　１つずつ
ふえるように　スタートから　ゴールまで　せんを
ひきながら　すすみましょう。

50 てん

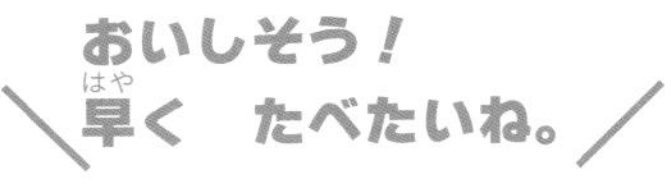

☆ななめには　すすめないよ。

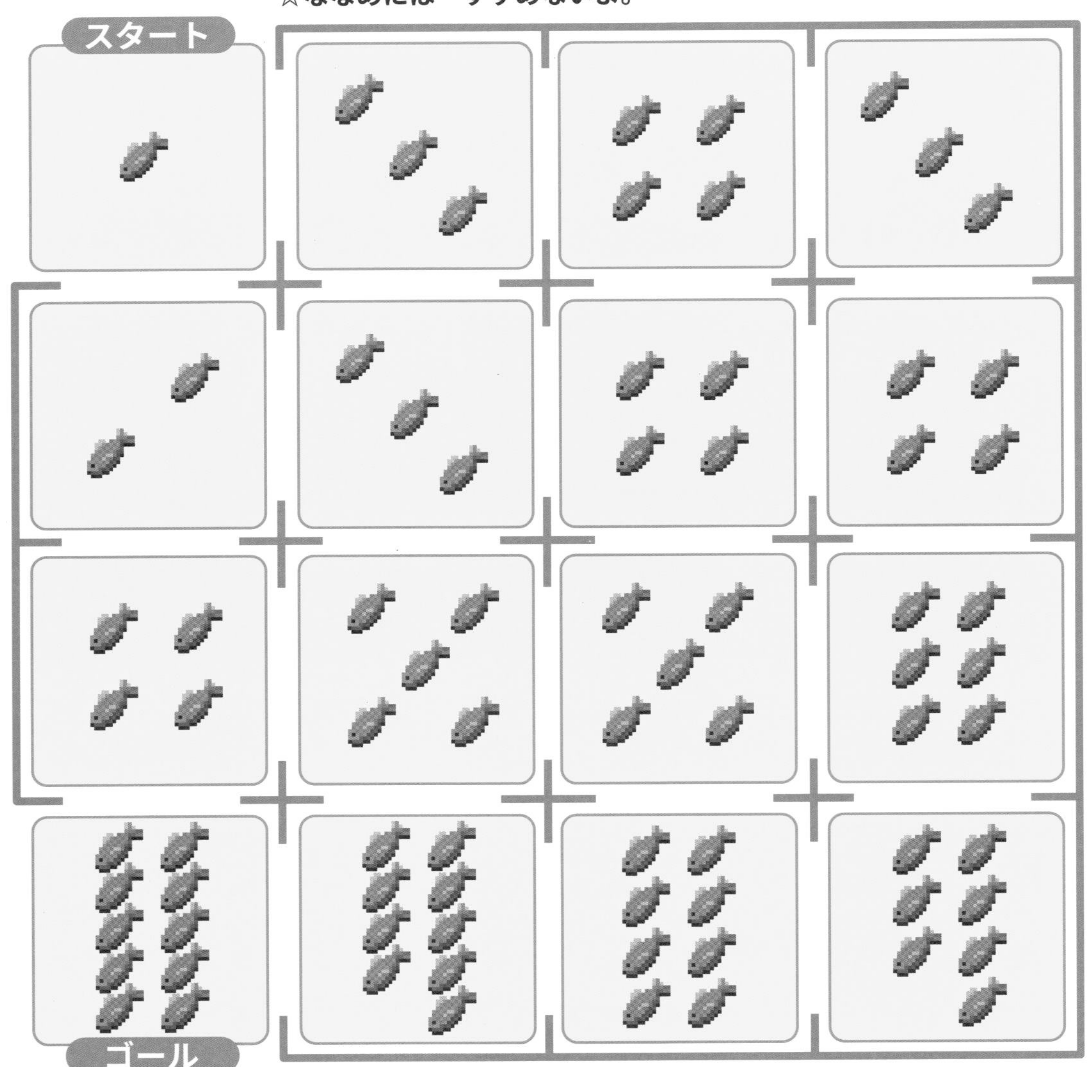

8 2まいの　カードを　ならべよう

にち
日

やったね
シールを
はろう

おうちの方へ　繰り返しのプログラミングを学ぶ

8～14では、「繰り返し」について学びます。「繰り返し」とは、決められた処理を1つのまとまりとして、結果が出るまで何度も、あるいは指定された回数だけ繰り返し実行することです。各問題では、「1つずつ指でたどるといいよ」「当てはまるものに印をつけて選んでみよう」などと話しかけるとよいでしょう。

1 スティーブが　メモに　かかれた　じゅんに　左(ひだり)から　カードを　ならべて　います。4かい　くりかえすと　?には　どちらの　カードが　入(はい)りますか。

25 てん

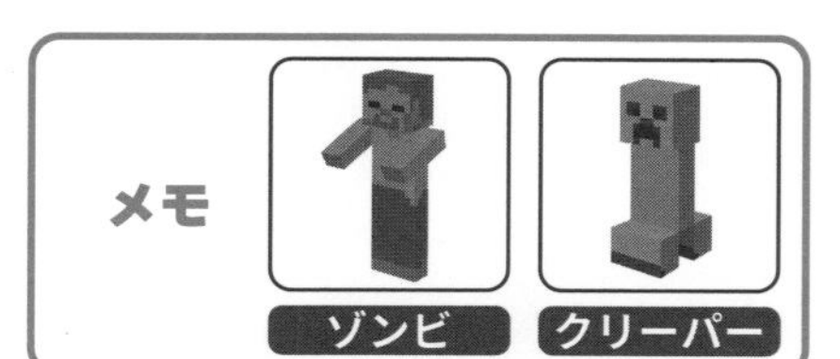

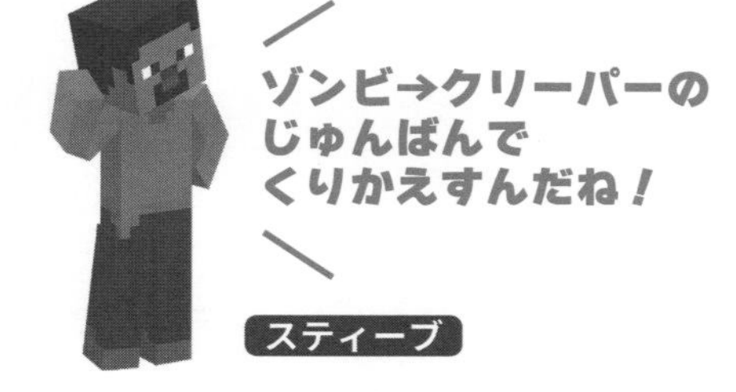

ア 　イ 　(　　　)

2 メモに　かかれた　じゅんに　左(ひだり)から　カードを　ならべて　います。3かい　くりかえすと　?には　どちらの　カードが　入(はい)りますか。

25 てん

ア 　イ  　(　　　)

3 スティーブが　マグマキューブ と　スライム の　カードを　左から　じゅんに　ならべて　います。4かい　くりかえすと　①と　②に　入るのは　それぞれ　どれですか。

25てん

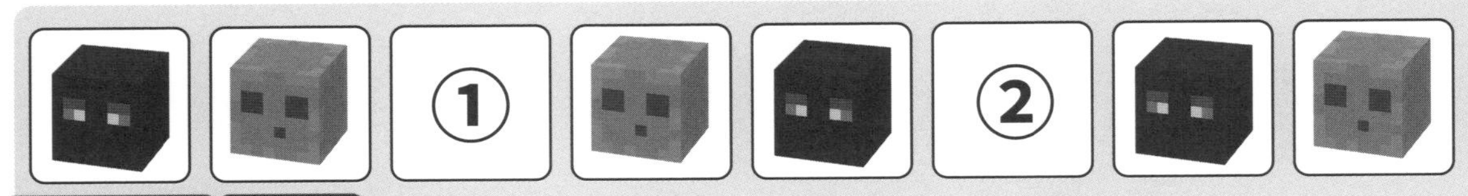

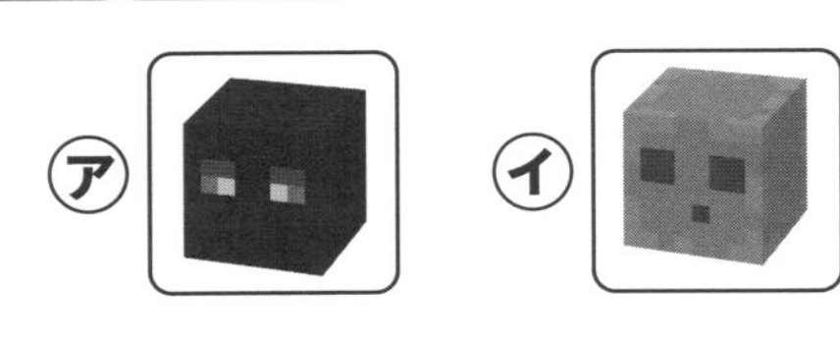

①（　　　　）　②（　　　　）

4 メモに　かかれた　じゅんに　左から　カードを　ならべて　います。３かい　くりかえすと　どんな　じゅんばんに　なりますか。

25てん

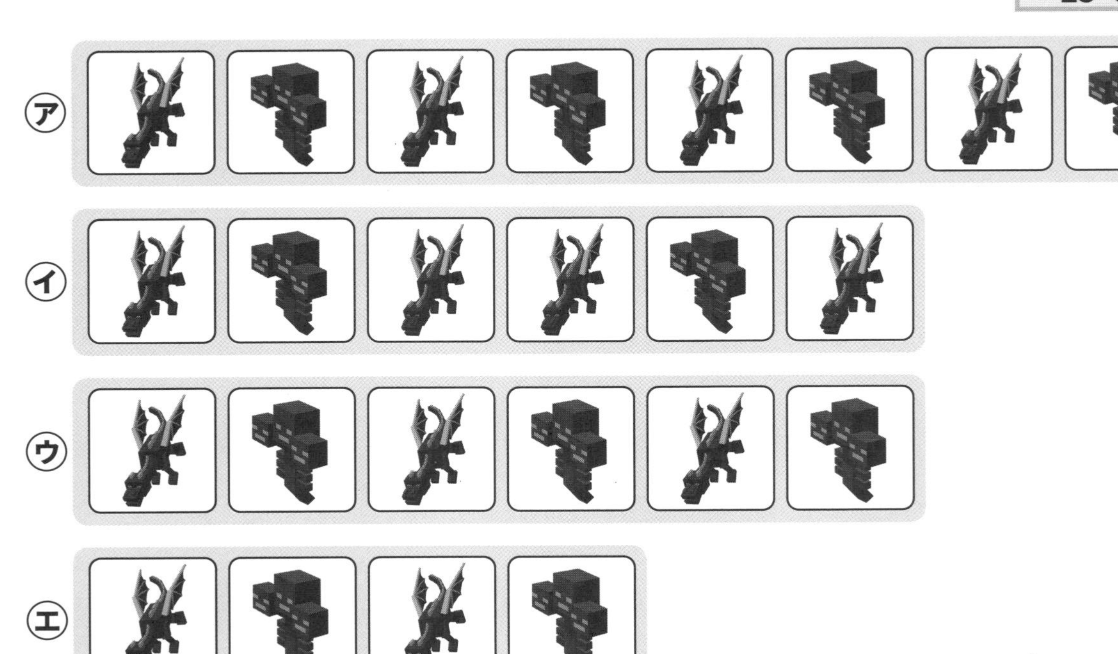

（　　　　）

9 くりかえし

3まいの　カードを　ならべよう

やったね シールを はろう

1 アレックスが　石の　けん　と　クロスボウ　と　ヤリ　の　カードを　左から　じゅんに　ならべて　います。3かい　くりかえすと　□に　入るのは　どれですか。

25 てん

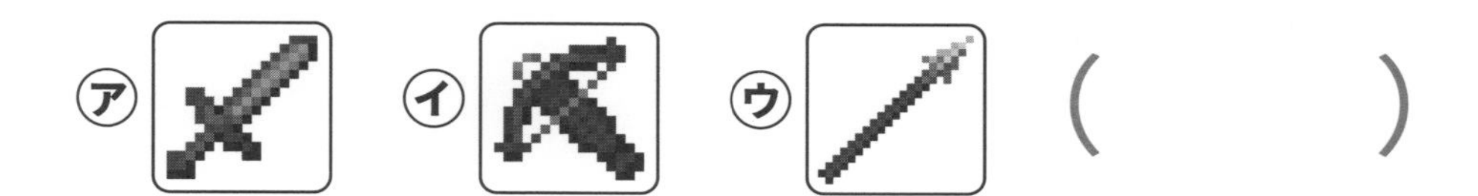

（　　　　）

2 アレックスが　タテ　と　てつの　ヘルメット　と　てつの　チェストプレート　の　カードを　左から　じゅんに　ならべて　います。3かい　くりかえすと　□に　入るのは　どれですか。

25 てん

ア　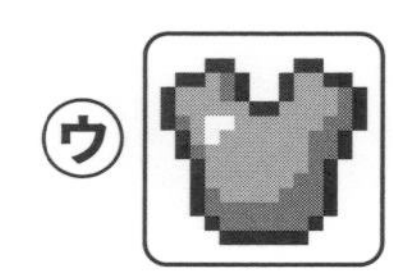　イ　ウ

（　　　　）

3 メモに　かかれた　じゅんに　左(ひだり)から　カードを　ならべて　います。2かい　くりかえすと　どんな　じゅんばんに　なりますか。

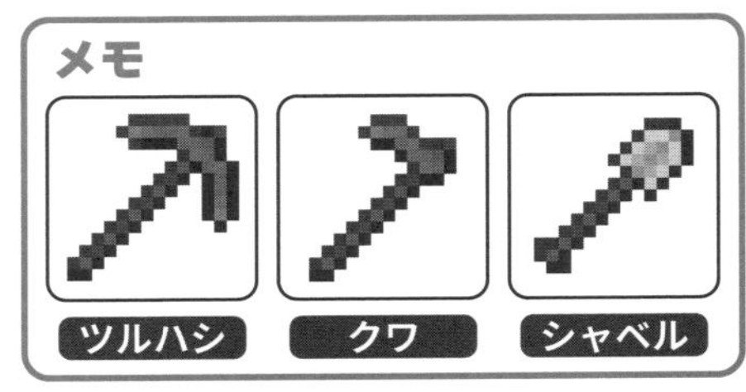

25 てん

ア

イ

ウ
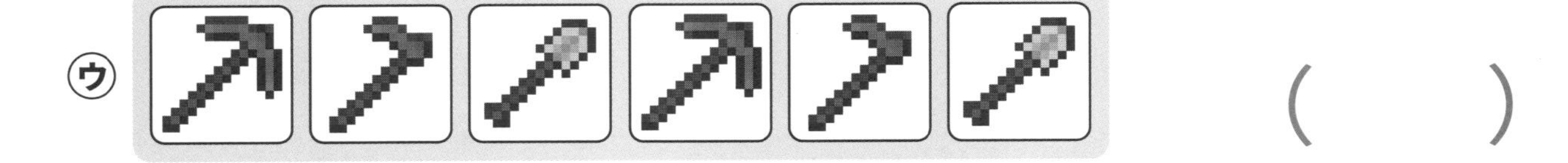

(　　　)

4 メモに　かかれた　じゅんに　左(ひだり)から　カードを　ならべて　います。3かい　くりかえすと　どんな　じゅんばんに　なりますか。

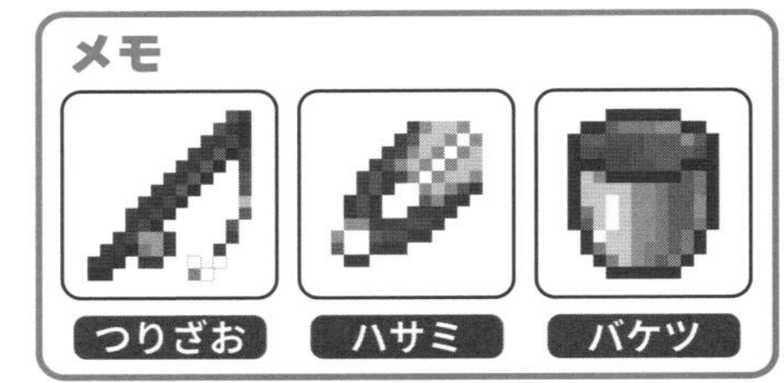

25 てん

ア

イ
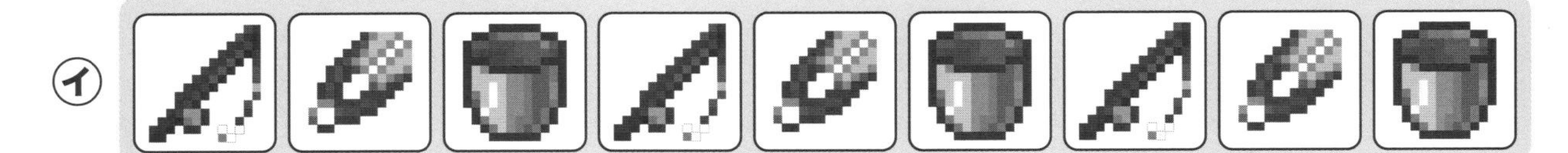

ウ
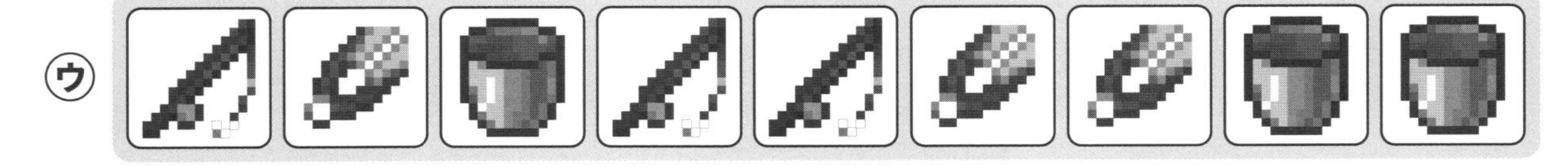

(　　　)

2つの　たべものを　ならべよう

やったね シールを はろう

スティーブは　めいれいされた　とおりに　たべものを
左(ひだり)から　じゅんばんに　ならべて　いきます。

1 つぎの　めいれいの　とおりに　たべものを　左(ひだり)から
じゅんばんに　ならべて　いったのは　㋐〜㋓の
どれですか。

25てん

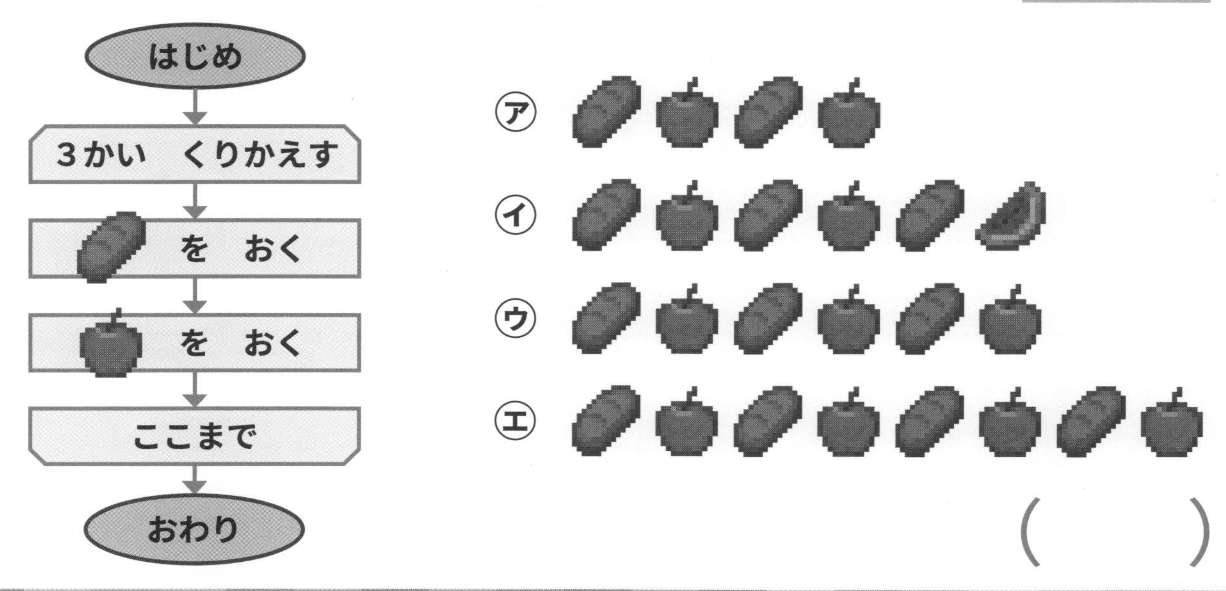

(　　　　)

2 つぎの　めいれいの　とおりに　たべものを　左(ひだり)から　じゅんばんに　ならべて　いったのは　㋐〜㋓の　どれですか。

25てん

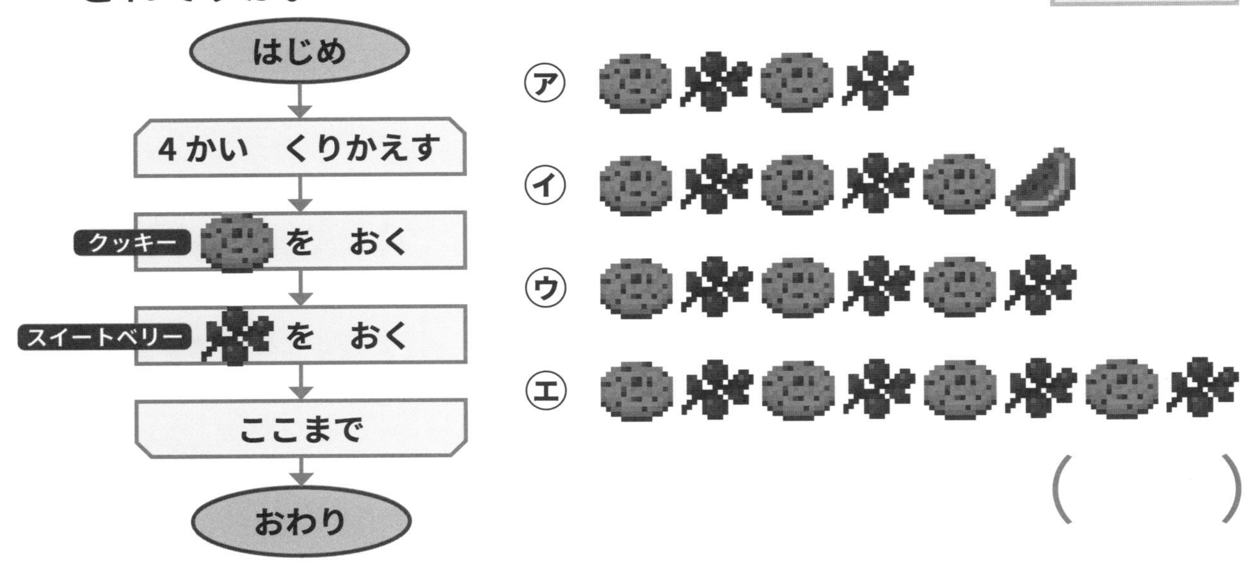

(　　　)

3 つぎの　えの　とおりに　たべものを　左(ひだり)から　じゅんばんに　ならべて　いった　正(ただ)しい　めいれいは　㋐〜㋒の　どれですか。

50てん

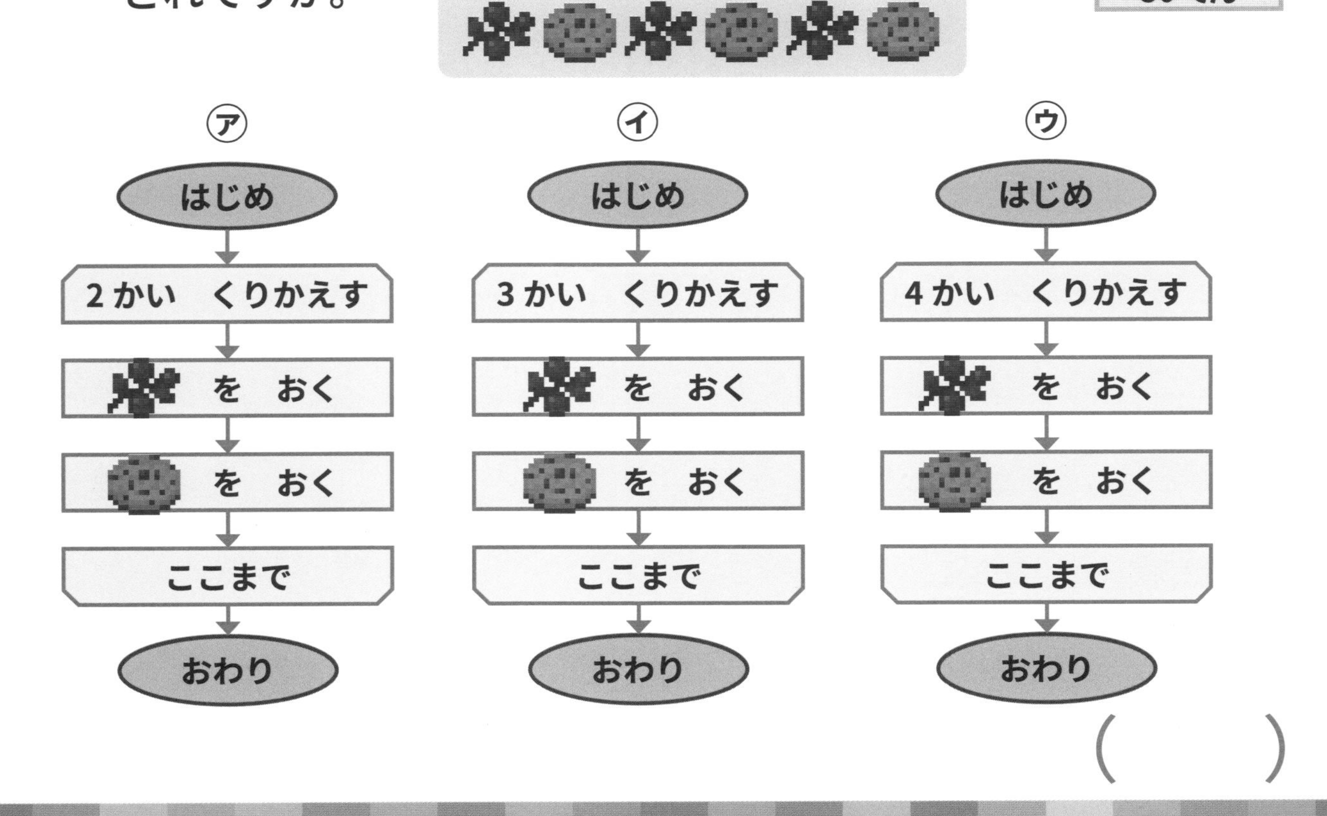

(　　　)

3つの　たべものを　ならべよう

やったね シールを はろう

アレックスは　スティーブが　めいれいした　とおりに
たべものを　左(ひだり)から　じゅんばんに　ならべて　いきます。

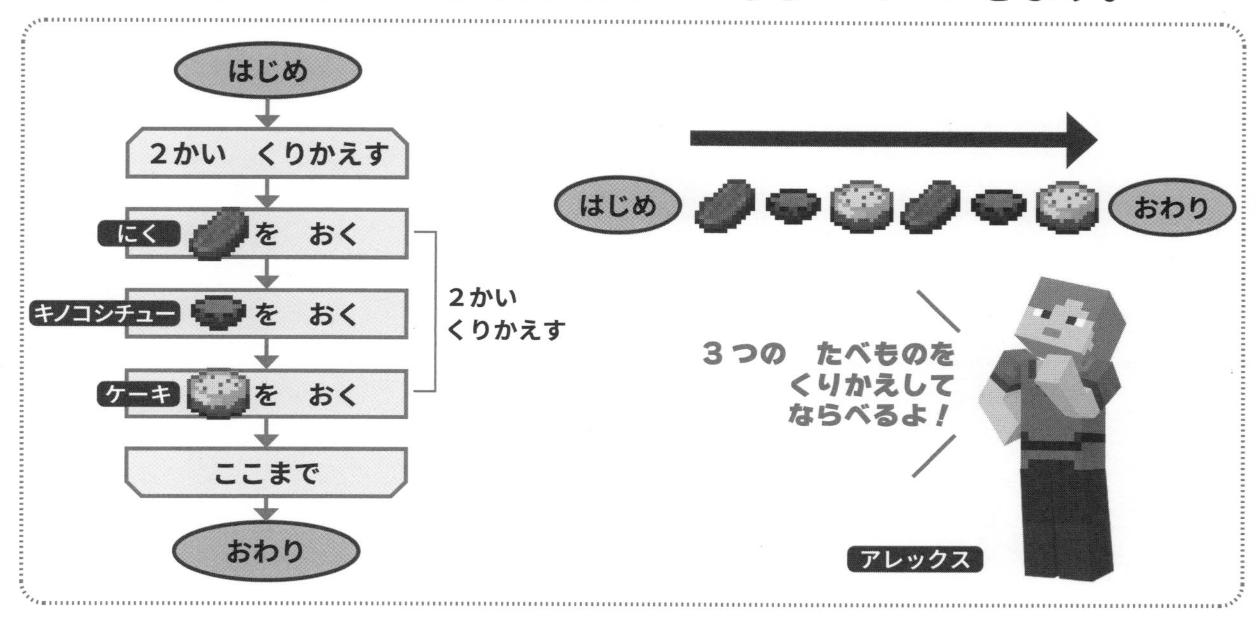

1 つぎの　めいれいの　とおりに　たべものを　左(ひだり)から
じゅんばんに　ならべて　いったのは　㋐〜㋓の
どれですか。

25てん

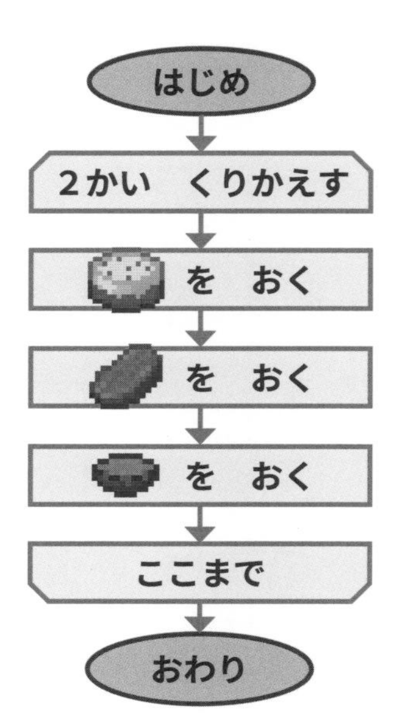

㋐ 

㋑ 

㋒ 

㋓ 

(　　　)

2 つぎの　めいれいの　とおりに　たべものを　左(ひだり)から　じゅんばんに　ならべて　いったのは　㋐〜㋓の　どれですか。

25 てん

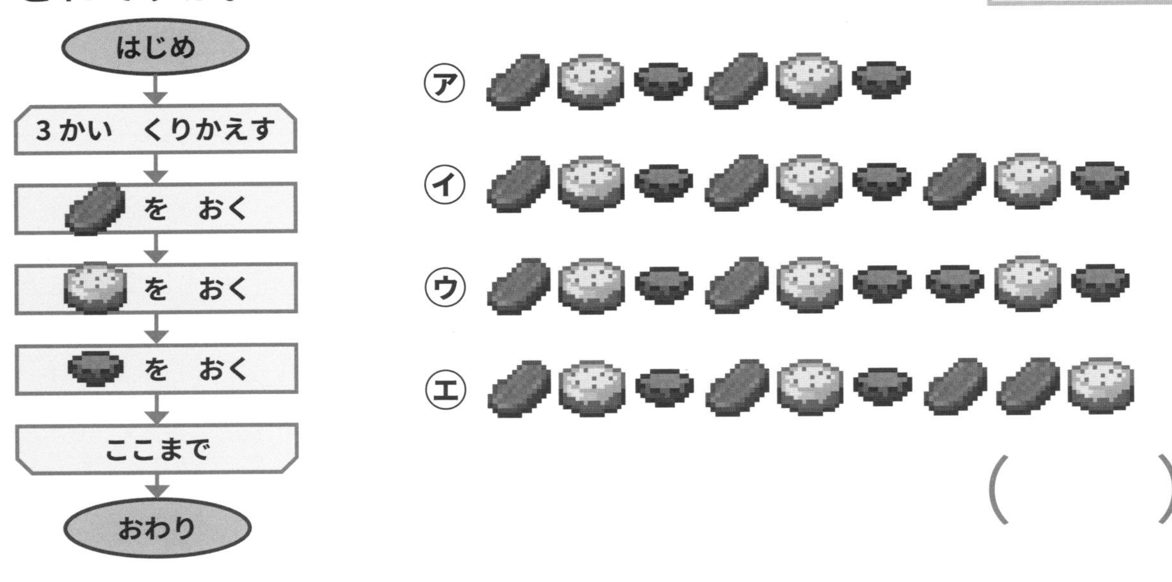

(　　　)

3 つぎの　えの　とおりに　たべものを　左(ひだり)から　じゅんばんに　ならべて　いった　正(ただ)しい　めいれいは　㋐〜㋒の　どれですか。

50 てん

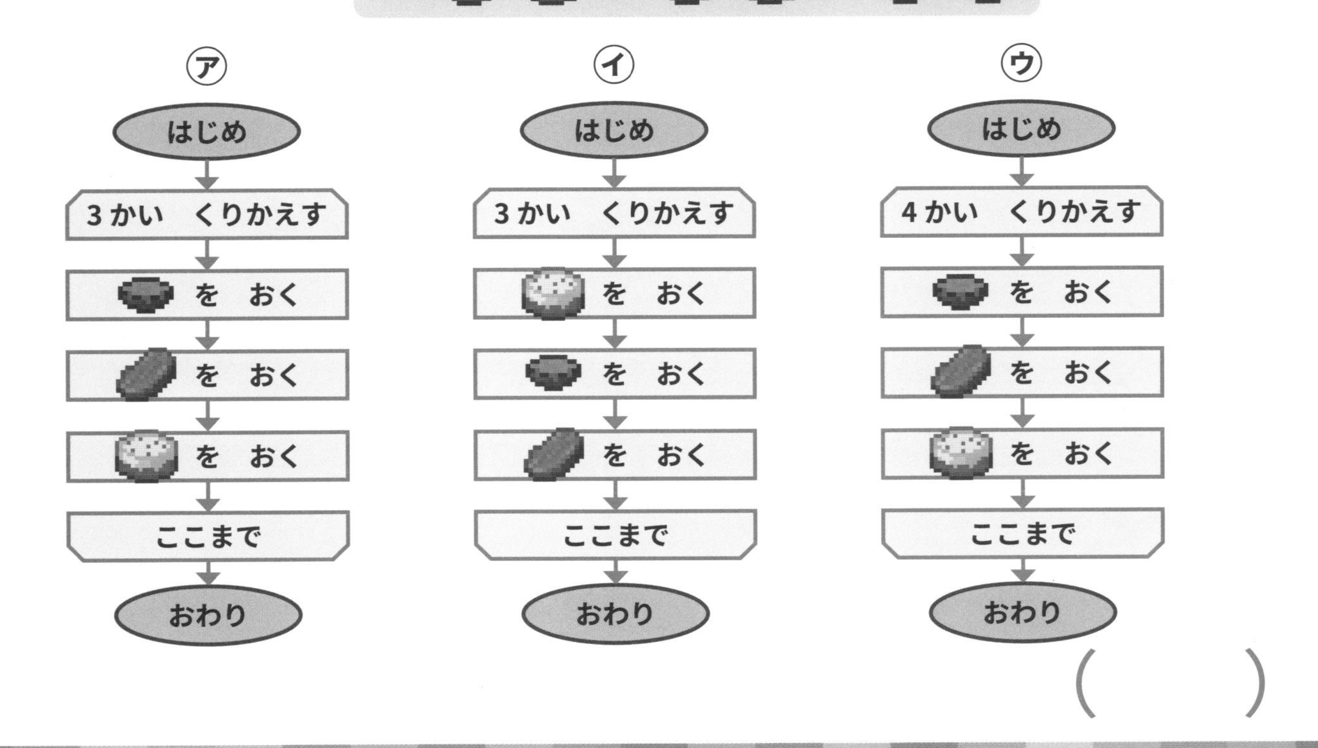

(　　　)

くりかえし

12 たからさがしに　いこう

やったね
シールを
はろう

アレックスが　ボートで　たからさがしに　いきます。
ボートは　アレックスが　めいれいした　じゅんばんに
うごきます。

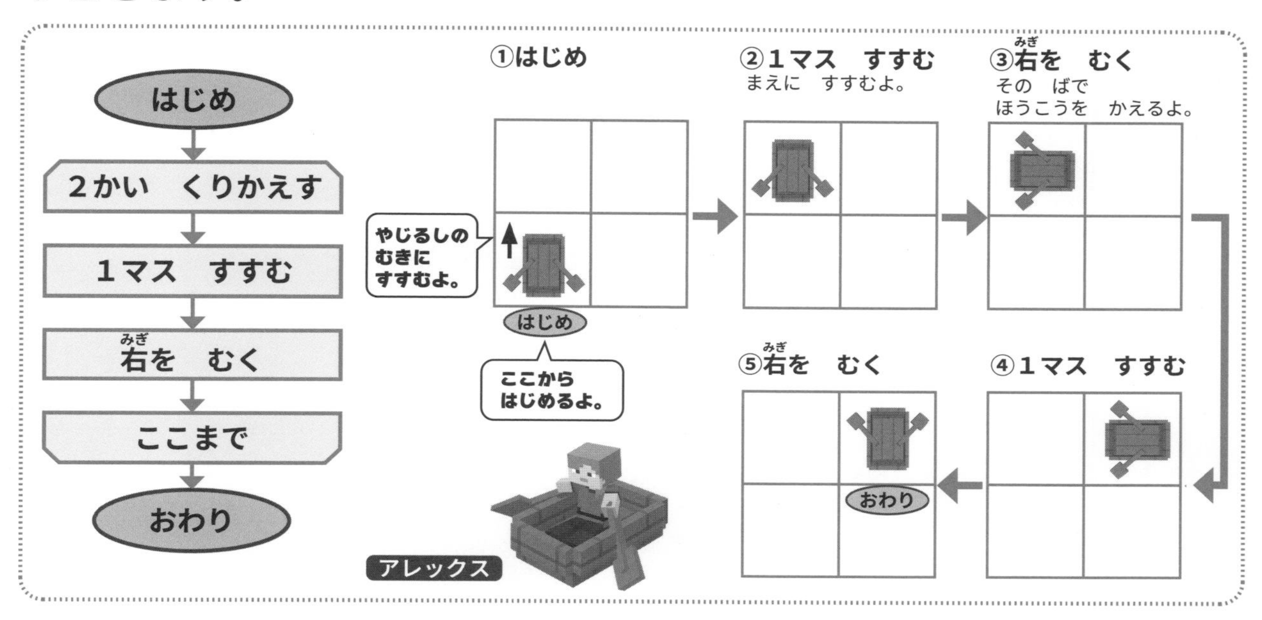

1 つぎのように　めいれいした　とき　ボートは　㋐〜㋓の
どこに　つきますか。

25 てん

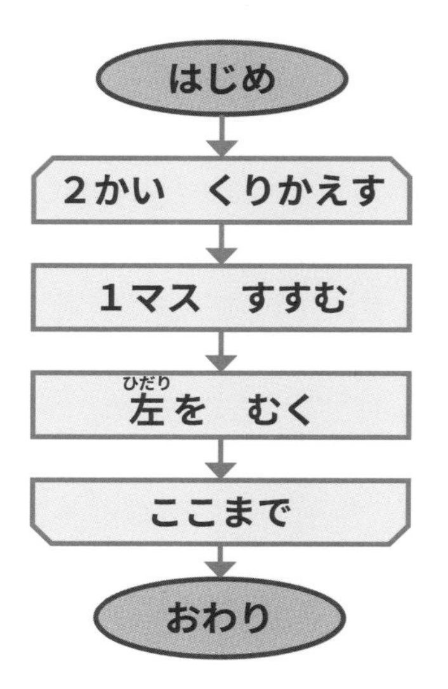

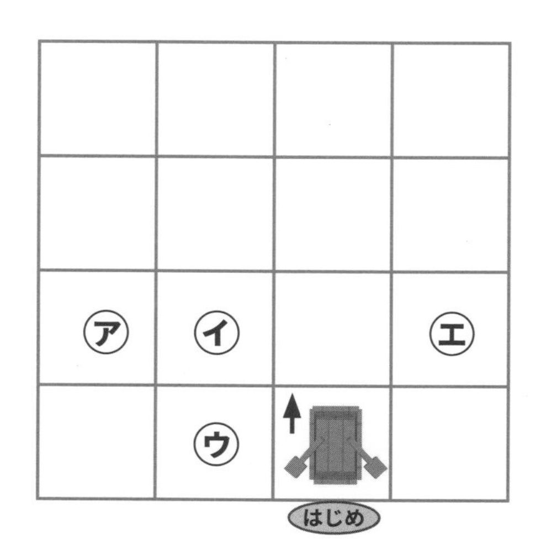

(　　　　)

2 つぎのように　めいれいした　とき　ボートは　㋐〜㋓の　どこに　つきますか。

25てん

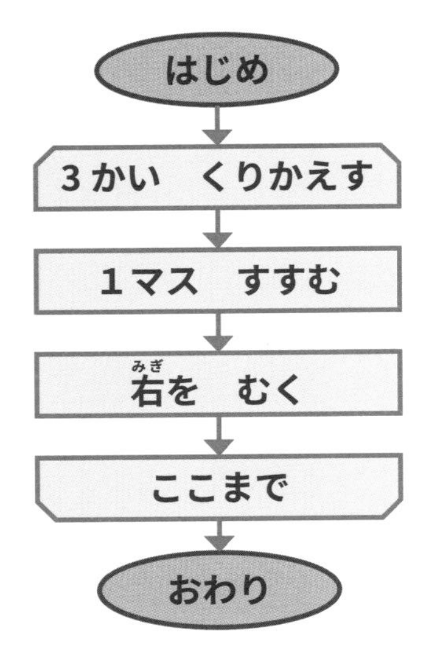

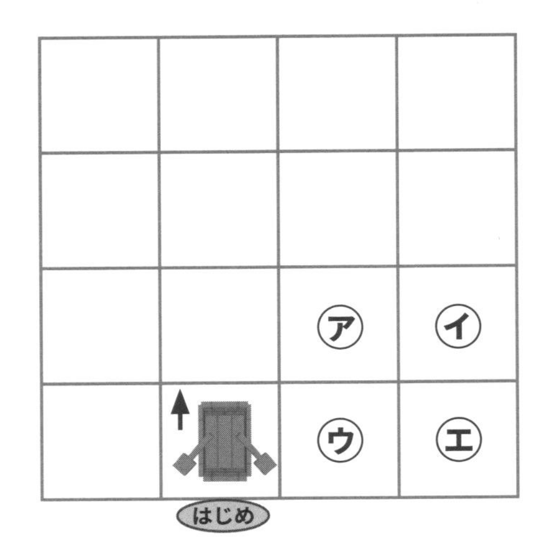

(　　　)

3 つぎのように　ボートが　★に　つくには　どちらの　めいれいが　正(ただ)しいですか。

50てん

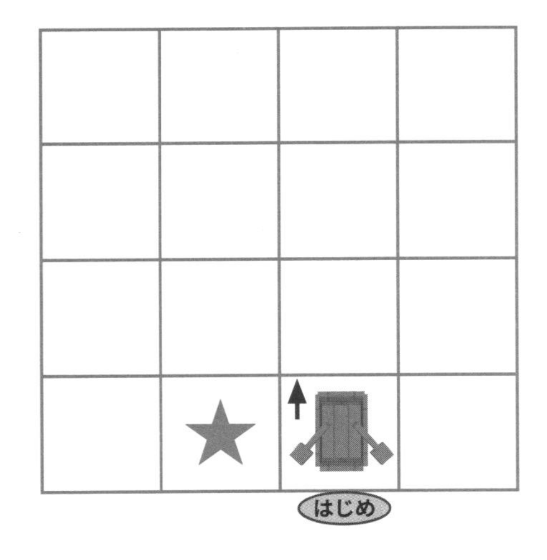

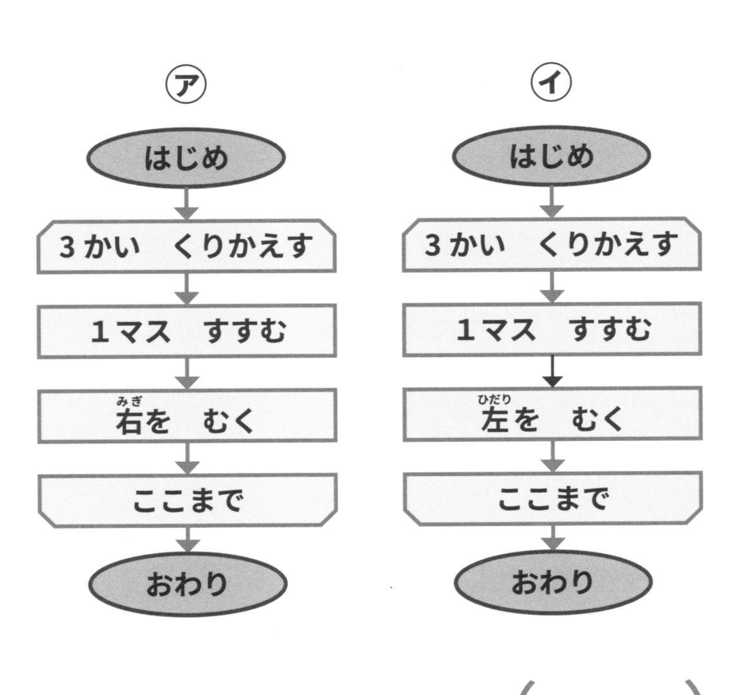

(　　　)

13 たからさがしに　いこう（パワーアップへん）

やったね シールを はろう

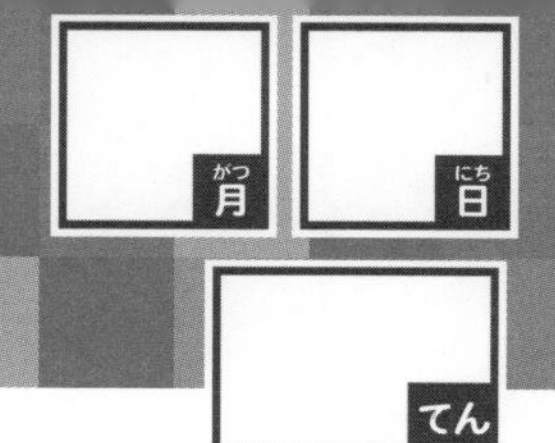

スティーブが　ボートで　たからさがしに　いきます。
ボートは　スティーブが　めいれいした　じゅんばんに
うごきます。

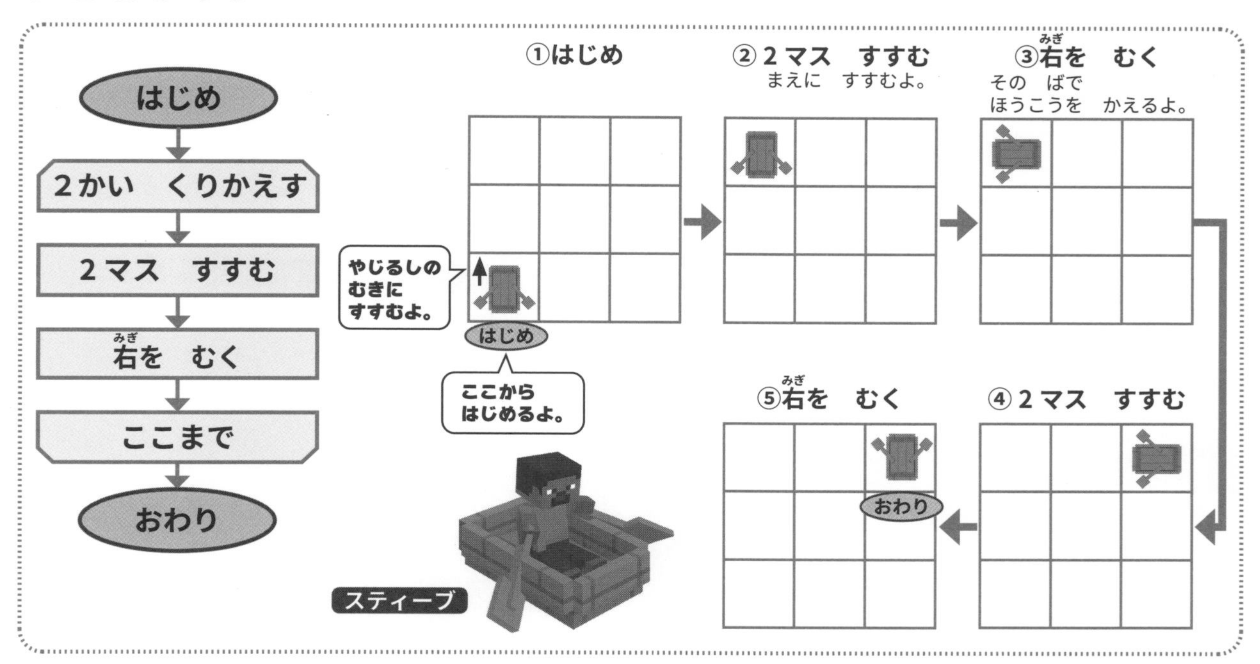

1 つぎのように　めいれいした　とき　ボートは　㋐〜㋓の
どこに　つきますか。

25てん

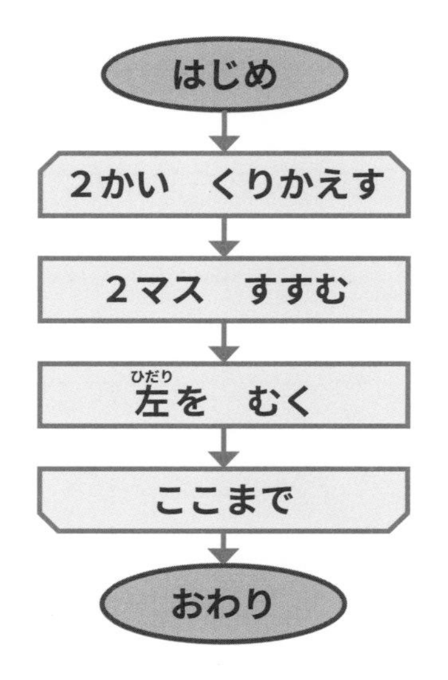

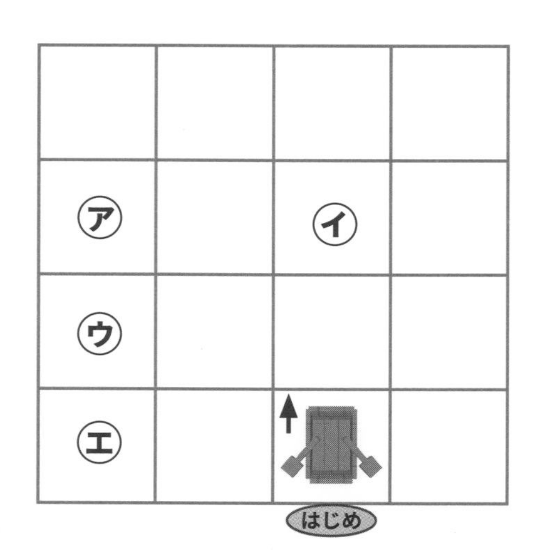

（　　　）

2 つぎのように　めいれいした　とき　ボートは　㋐〜㋓の どこに　つきますか。

25てん

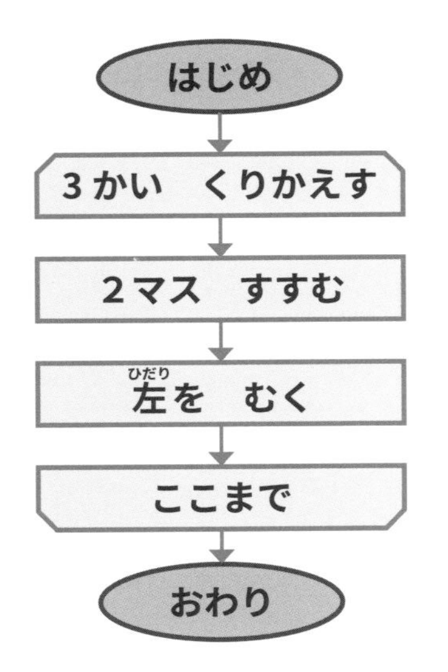

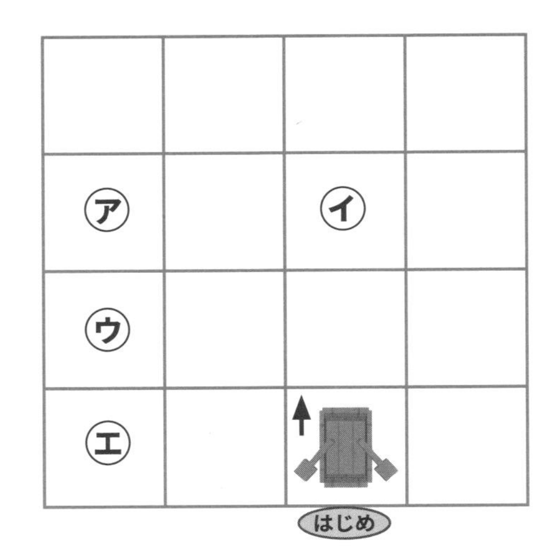

（　　　）

3 つぎのように　ボートが　★に　つくには　どちらの めいれいが　正しいですか。

50てん

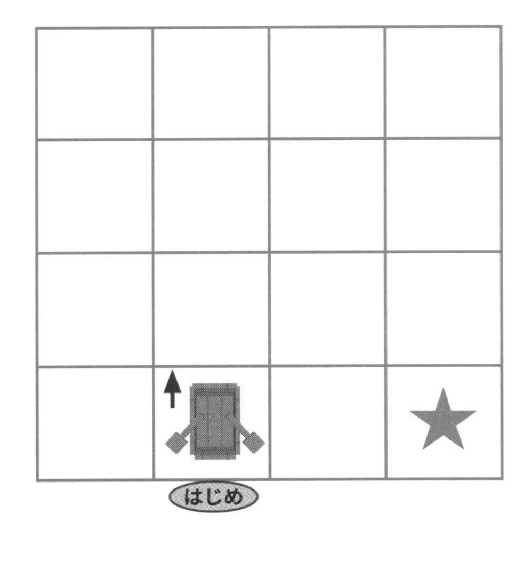

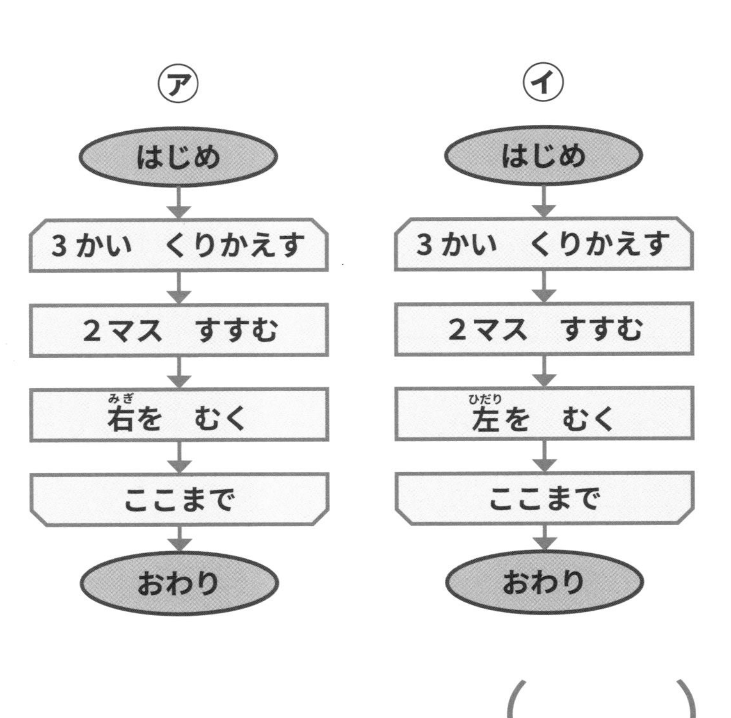

（　　　）

14 くりかえし
まとめの　ミニテスト

やったね シールを はろう

17 ～ 28 ページで　学しゅうした　「くりかえし」を　おさらいしましょう。

1 スティーブが　ウサギ　と　コウモリ　の　カードを　左から　じゅんに　ならべて　います。4 かい　くりかえすと　□　に　入るのは　どちらですか。

25 てん

㋐ 

㋑ 

(　　　　)

2 アレックスが　ウーパールーパー　と　カメ　と　イルカ　の　カードを　左から　じゅんに　ならべて　います。3 かい　くりかえすと　①と　②に　入るのは　どれですか。

25 てん

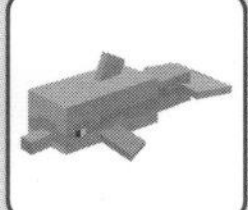

㋐ 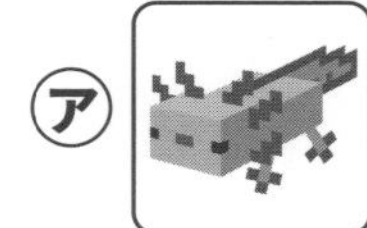
㋑ 
㋒ 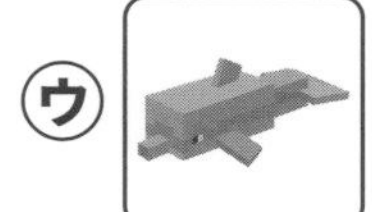

①(　　　　)　②(　　　　)

3 つぎの　めいれいの　とおりに　やさいを　左（ひだり）から　じゅんばんに　ならべて　いったのは　㋐〜㋓の　どれですか。

25てん

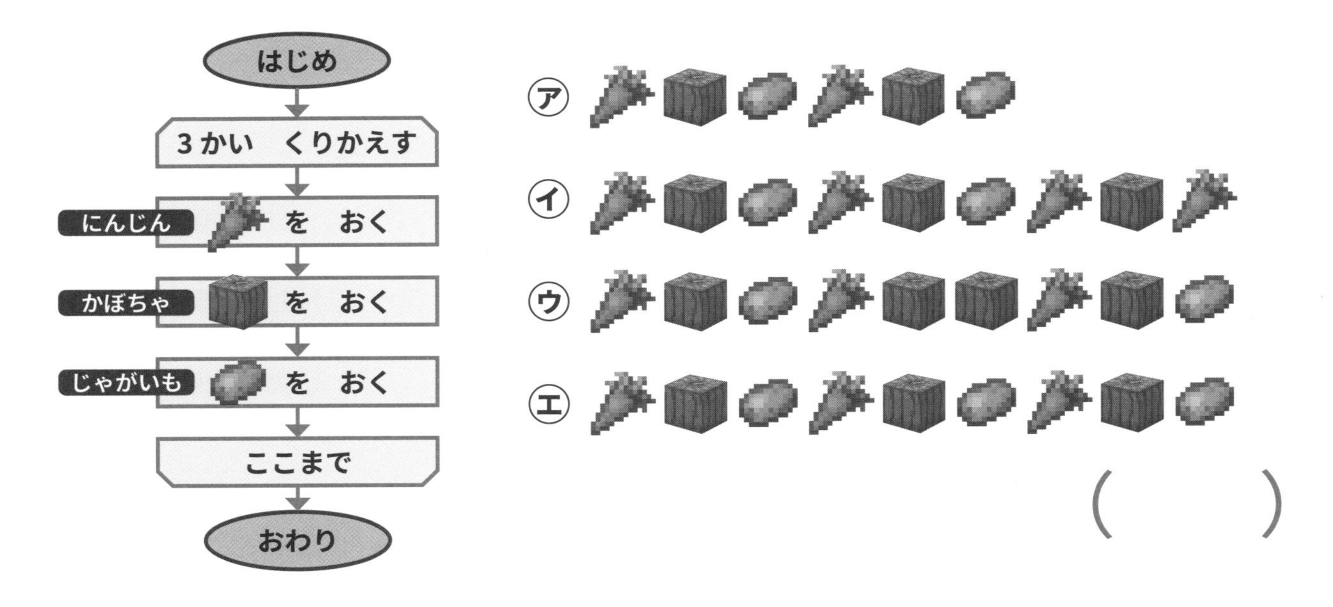

（　　　）

4 スティーブが　ボートで　たからさがしに　いきます。ボートは　スティーブが　めいれいした　じゅんばんに　うごきます。つぎのように　めいれいした　とき　ボートは　㋐〜㋓の　どこに　つきますか。

25てん

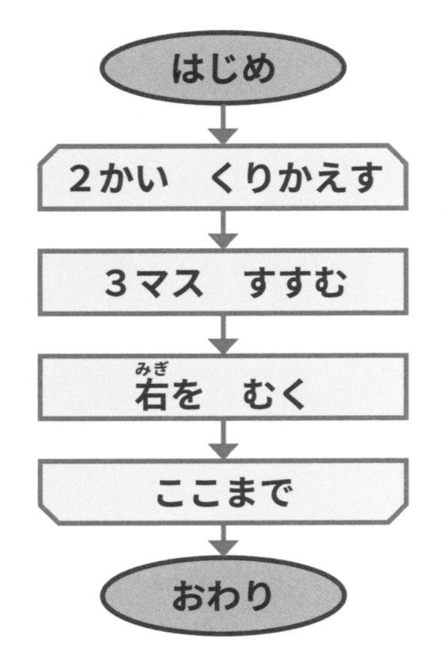

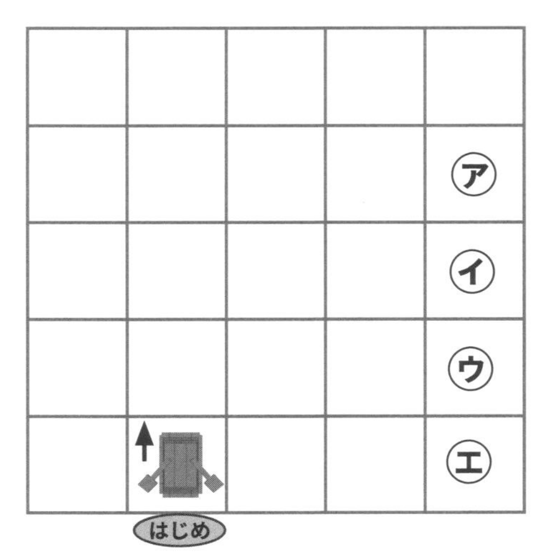

（　　　）

15 わかれみちを　すすもう（1）

やったね シールを はろう

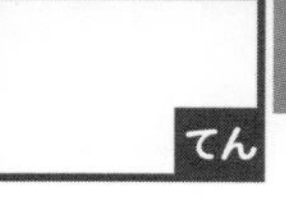

月　日　てん

おうちの方へ 分岐のプログラミングを学ぶ

15～23では、「分岐」について学びます。「分岐」とは、条件によって実行する処理を変えることです。各問題では、条件の内容を確認して、「1つずつ指でたどるといいよ」「当てはまるものに印をつけて選んでみよう」などと話しかけるとよいでしょう。

1 スティーブは　ブタが　どこに　かくれて　いるか　さがしに いきます。わかれみちは　[　　]を　よんで　その　とおりに すすみます。スティーブは　㋐～㋓の　どこに　つきますか。

50てん

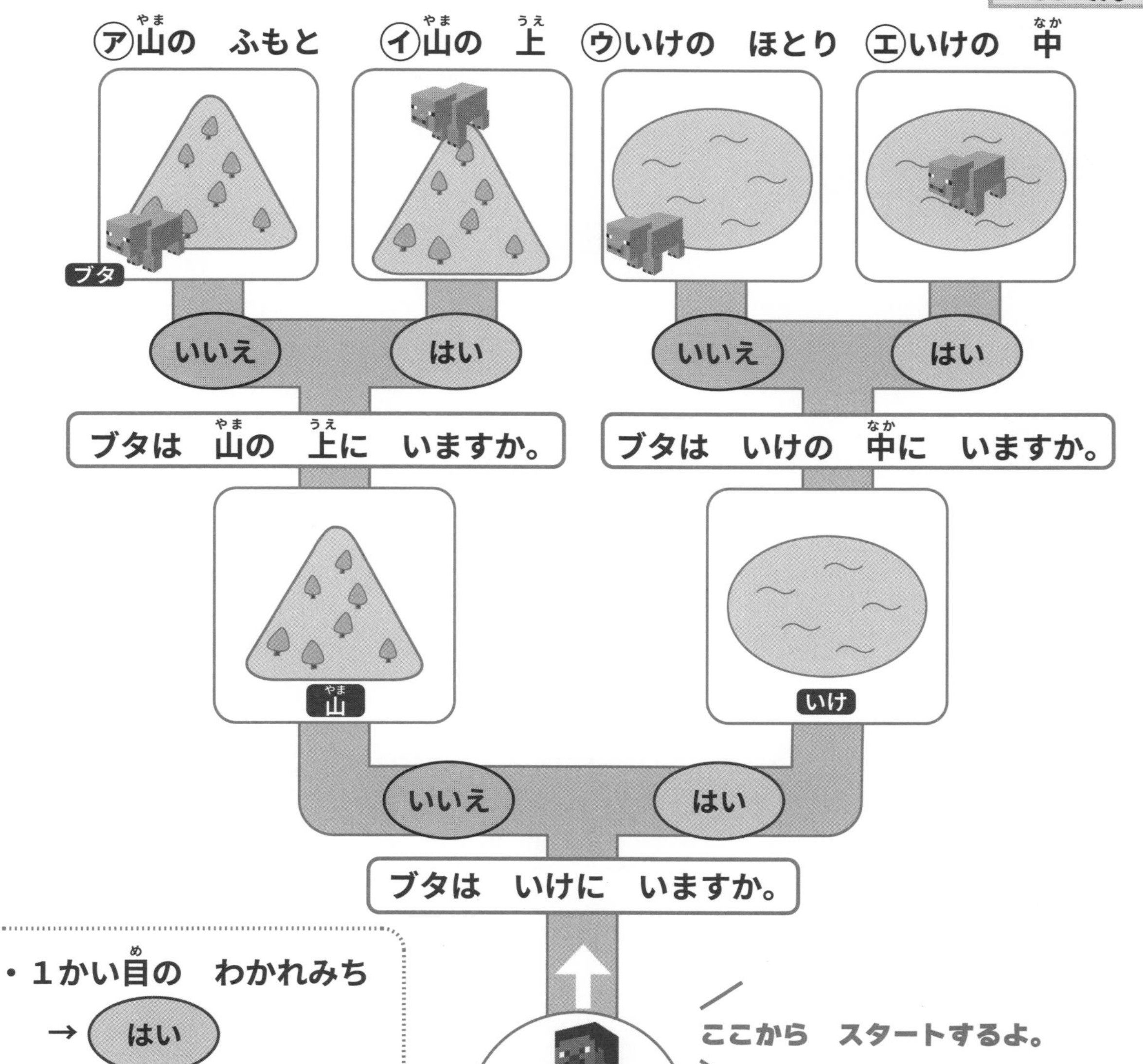

- 1かい目の　わかれみち → はい
- 2かい目の　わかれみち → いいえ

（　　　　）

2 スティーブは　アレックスの　いえに　あそびに　いきます。わかれみちは　[　　]を　よんで　その　とおりに　すすみます。スティーブは　㋐〜㋓の　どこに　つきますか。

50てん

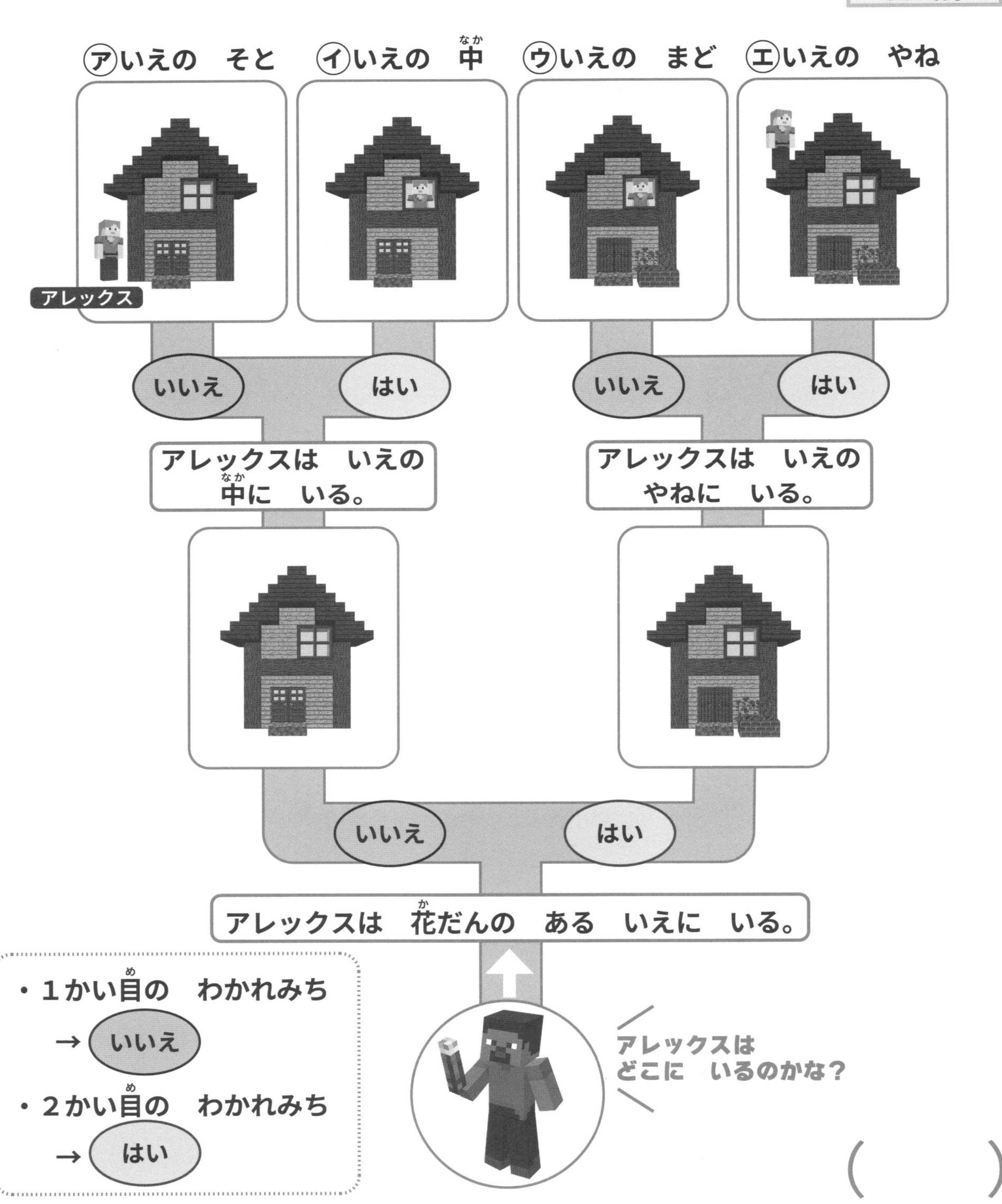

・1かい目の　わかれみち
→ いいえ

・2かい目の　わかれみち
→ はい

(　　　　)

たからばこを　さがそう

月　日

てん

やったね シールを はろう

1 アレックスは　すう字が　かいて　ある　たからばこを　さがして　います。わかれみちは [　] を　よんで　その　とおりに　すすみます。1～8の　どの　たからばこを　見つける　ことが　できますか。

40 てん

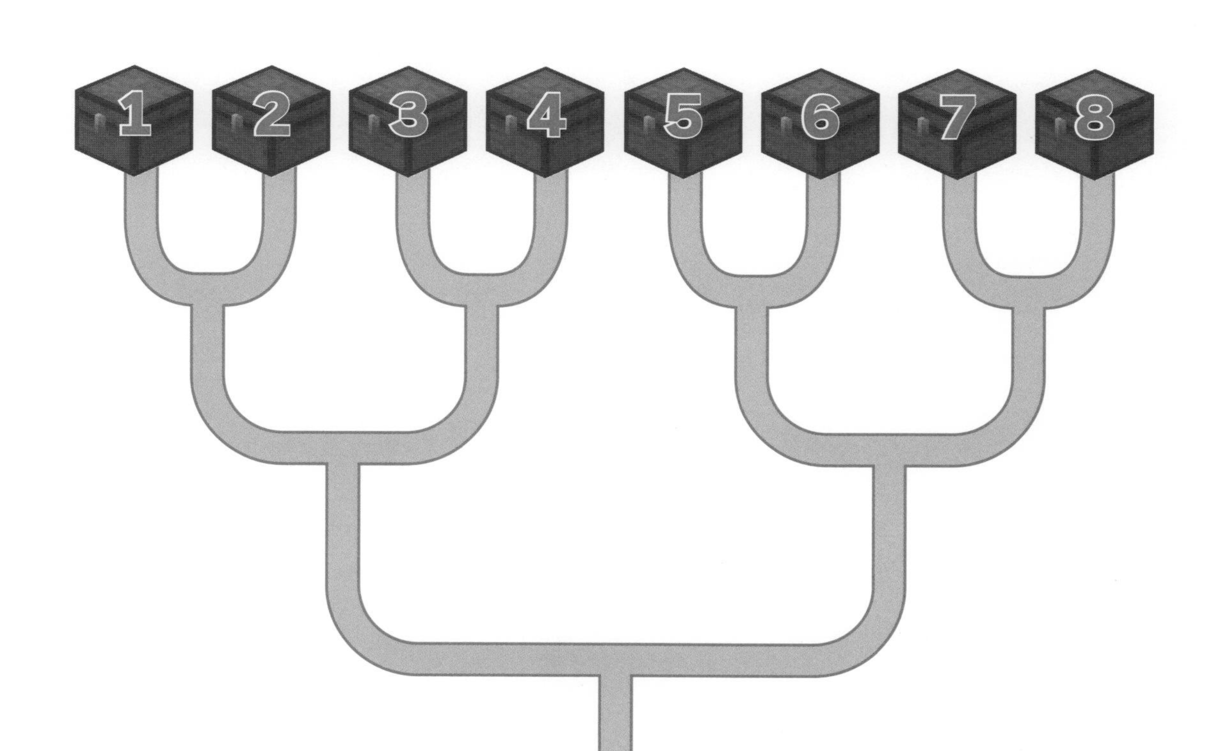

- 1かい目の　わかれみち
  → 右
- 2かい目の　わかれみち
  ← 左
- 3かい目の　わかれみち
  → 右

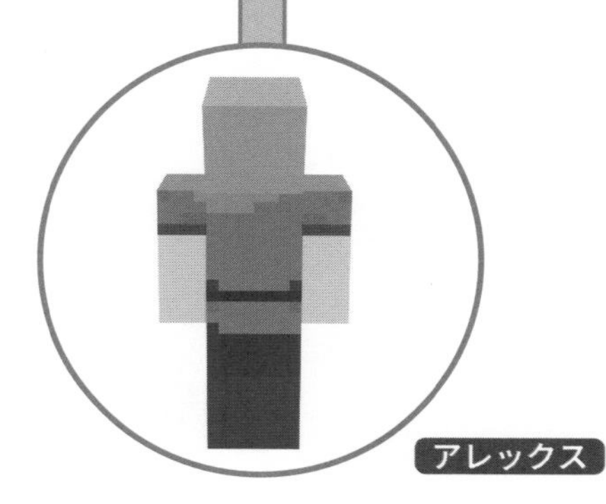

アレックス

(　　　)

2 スティーブが　たからばこを　さがして　います。
3の　たからばこを　見つけるには　㋐～㋒の　どれが　正しいですか。

60てん

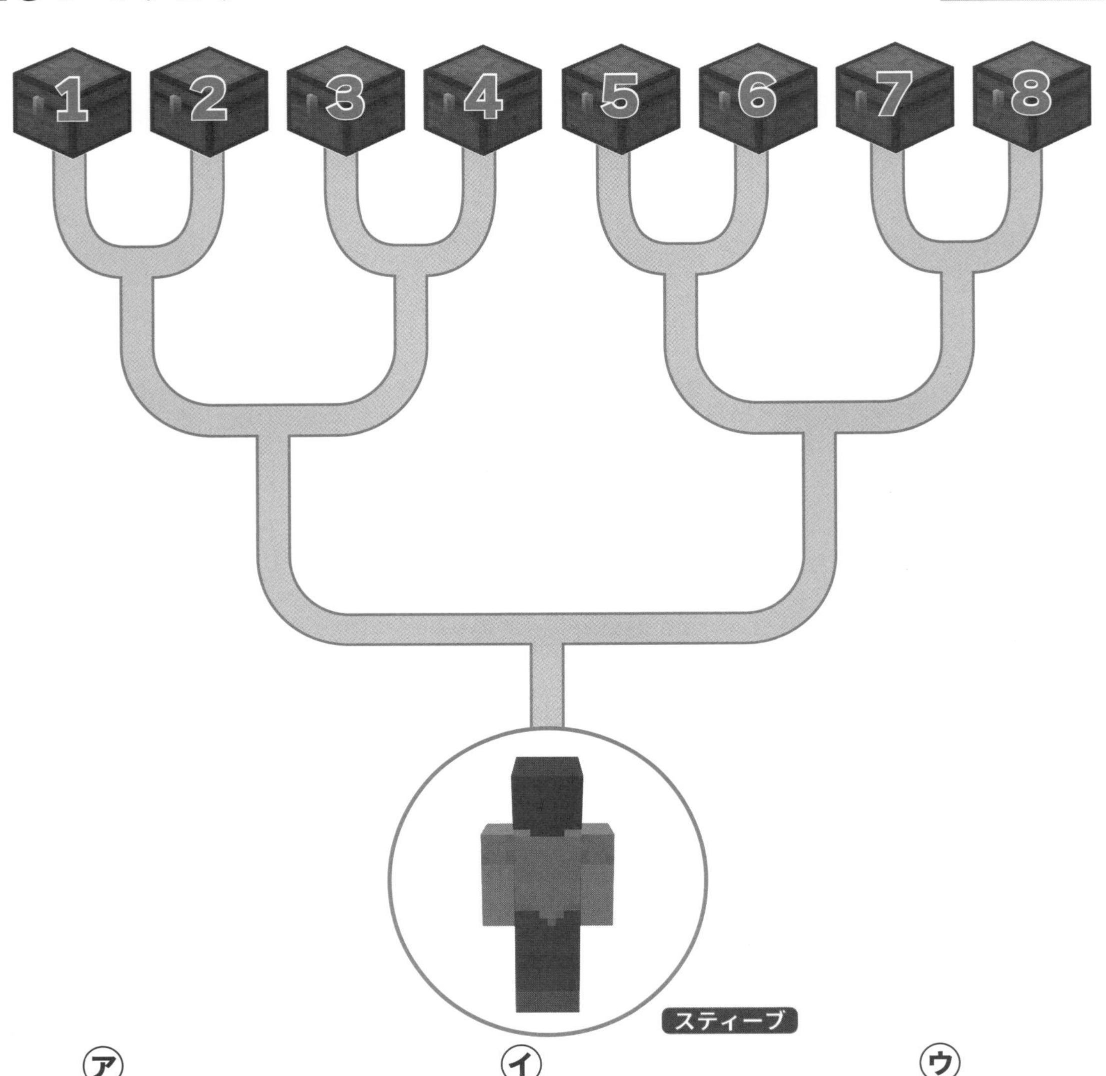

㋐
- 1かい目の　わかれみち
  → 右
- 2かい目の　わかれみち
  ← 左
- 3かい目の　わかれみち
  → 右

㋑
- 1かい目の　わかれみち
  ← 左
- 2かい目の　わかれみち
  ← 左
- 3かい目の　わかれみち
  → 右

㋒
- 1かい目の　わかれみち
  ← 左
- 2かい目の　わかれみち
  → 右
- 3かい目の　わかれみち
  ← 左

(　　　)

17

ぶんき

わかれみちを　すすもう（2）

やったね
シールを
はろう

1 アレックスが　ぶきを　手に　入れて　てきを　たおしに　いきます。わかれみちでは　その先に　ある　クロスボウは　かずが　おおい　ほうを　石の　けんは　かずが　すくない　ほうを　えらびます。スタートから　ゴールまで　せんを　ひきながら　すすみましょう。

50 てん

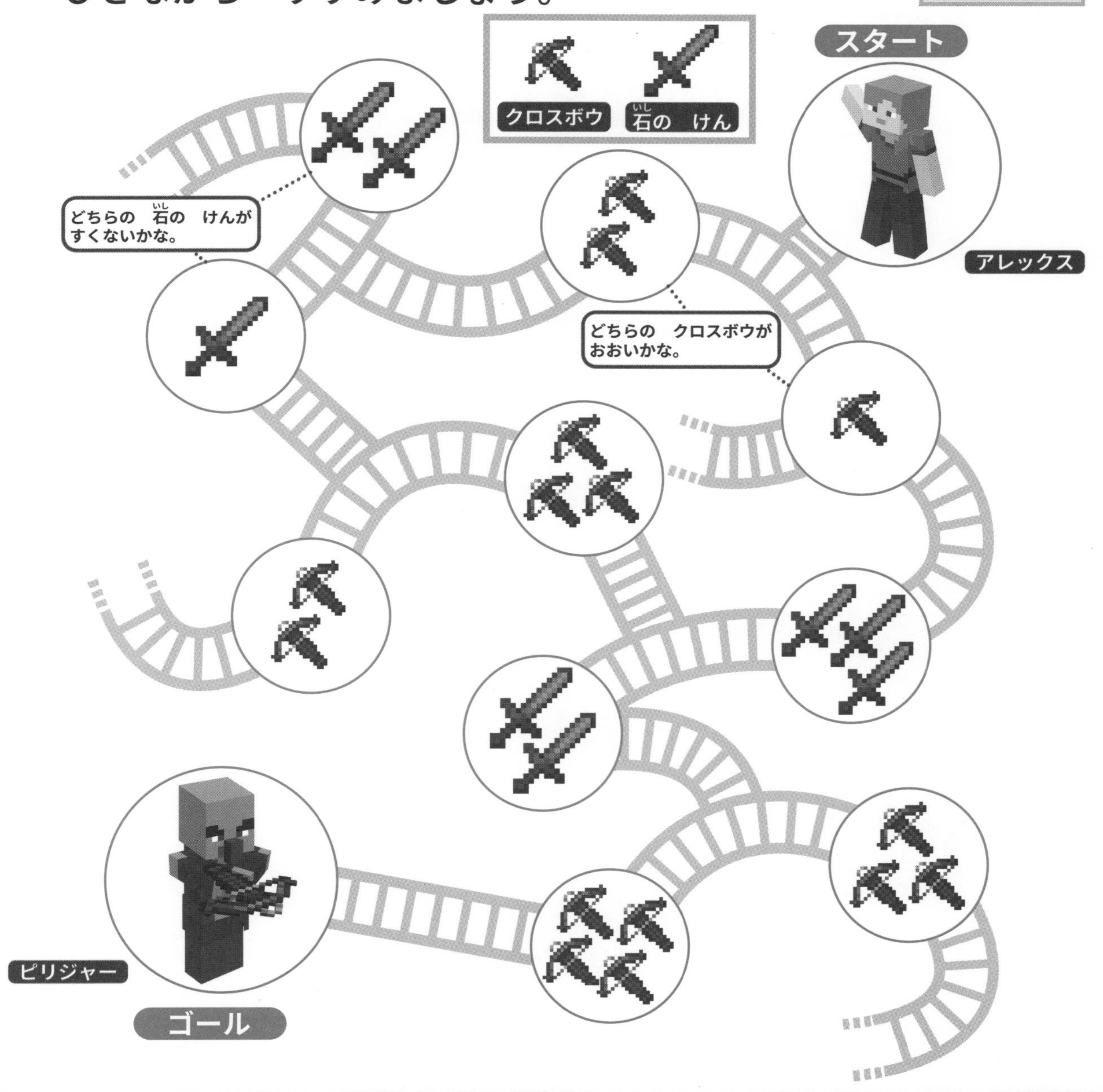

2 アレックスは　よる　森(もり)を　あるくための　火(ひ)を　えらびながら　村人(むらびと)に　会(あ)いに　いきます。わかれみちでは　その先(さき)に　ある　たいまつは　かずが　すくない　ほうを　ろうそくは　かずが　おおい　ほうを　えらびます。スタートから　ゴールまで　せんを　ひきながら　すすみましょう。

50 てん

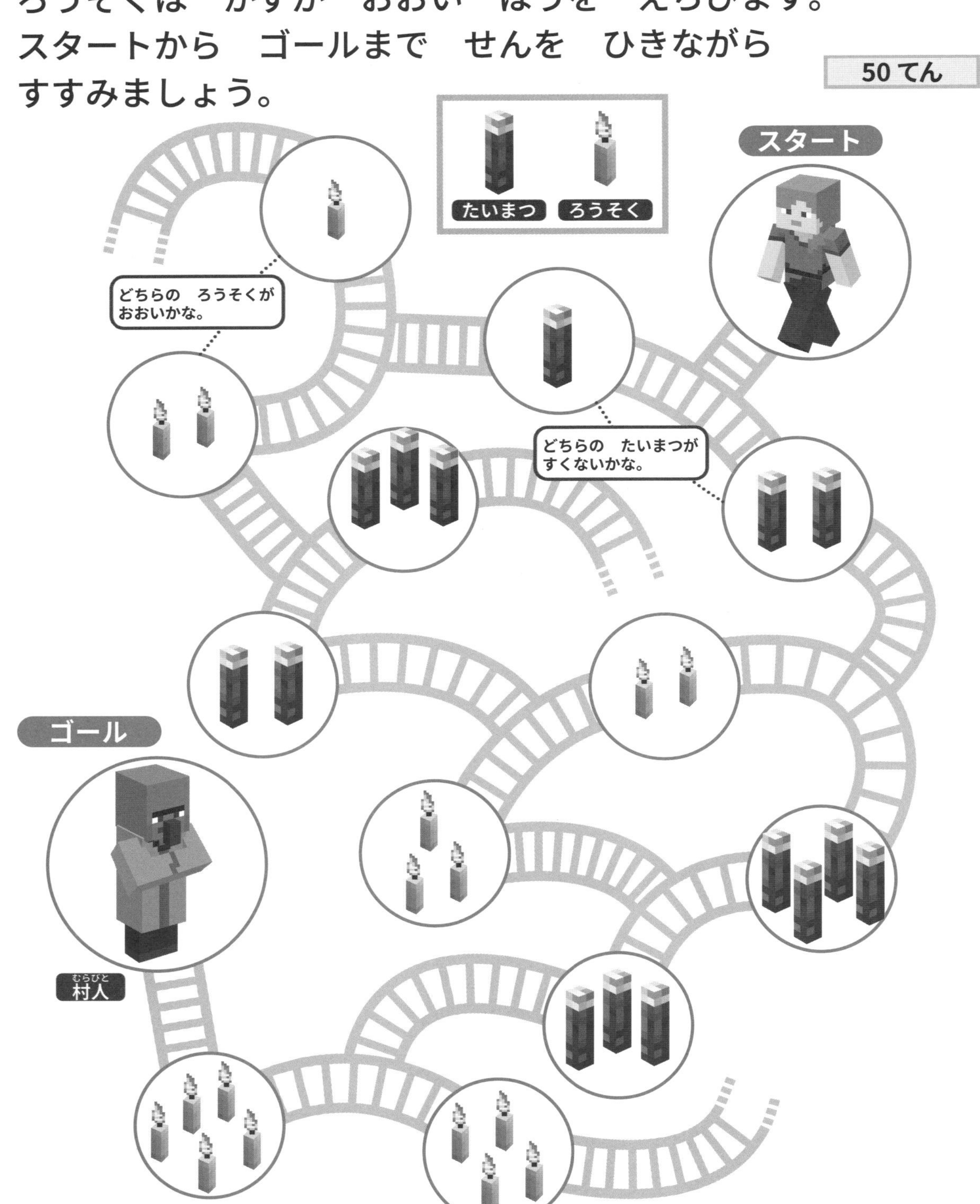

ぼうえんきょうで 見たもの

やったね シールを はろう

1 スティーブが ぼうえんきょうで ならんで いる ゾンビピグリンたちを 見つけました。つぎの ［ ］ に すべて あてはまるのは ㋐～㋒の どれですか。 20てん

- ゾンビピグリンは まえを むいて います。
- クリーパーは うしろを むいて います。
- ピグリンは まえを むいて います。

下の じゅんで ならんで います。

ゾンビピグリン

クリーパー

ピグリン

㋐

ぼうえんきょう

㋑
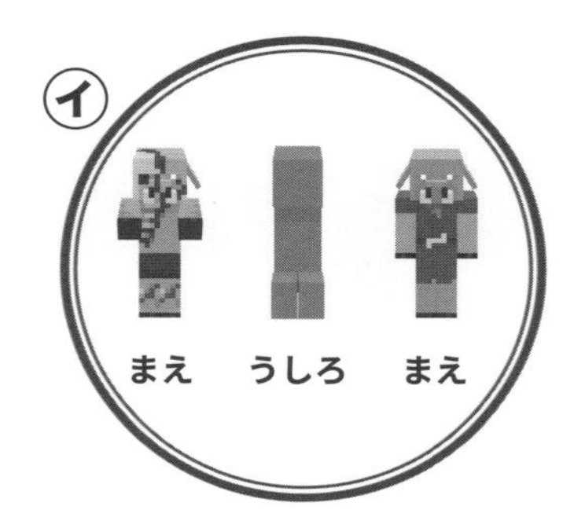

㋒

（　　　）

2 つぎの ［ ］ に すべて あてはまるのは ㋐～㋒の どれですか。 20てん

- ゾンビピグリンは まえを むいて います。
- クリーパーは うしろを むいて います。
- ピグリンは よこを むいて います。

㋐
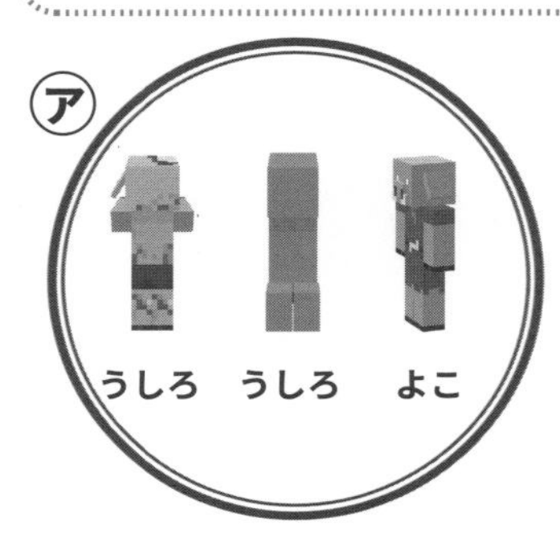

㋑
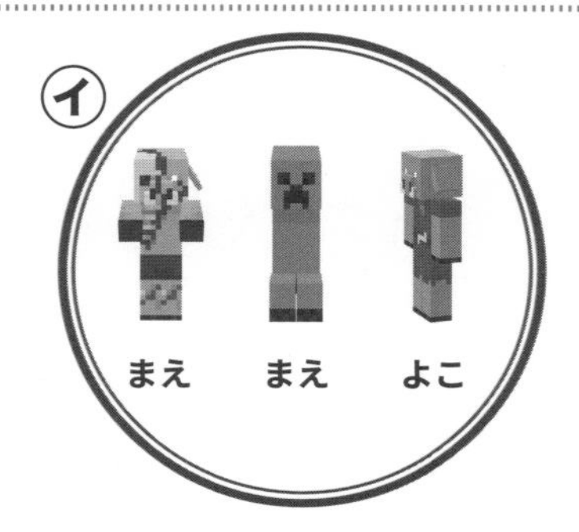

㋒
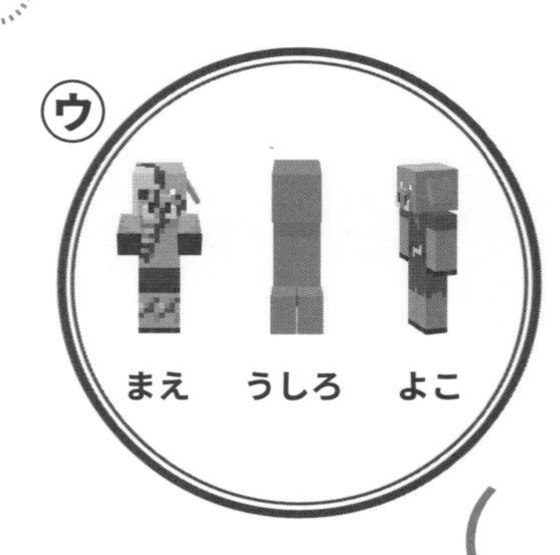

（　　　）

3 つぎの ［　］ に すべて あてはまるのは ㋐〜㋒の どれですか。

20 てん

●ゾンビピグリンは うしろを むいて います。
●クリーパーは よこを むいて います。
●ピグリンは まえを むいて います。

㋐
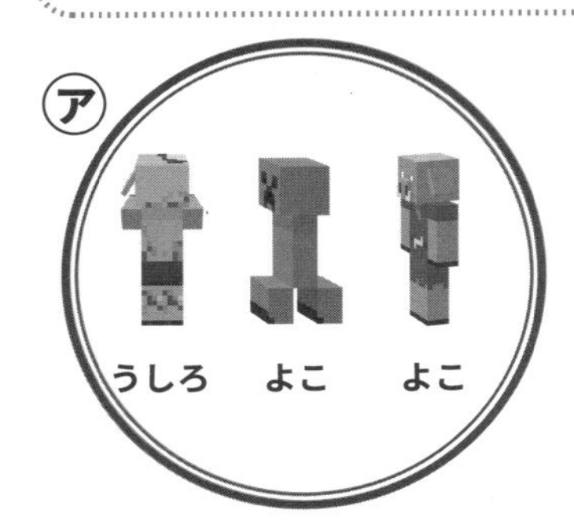

㋑
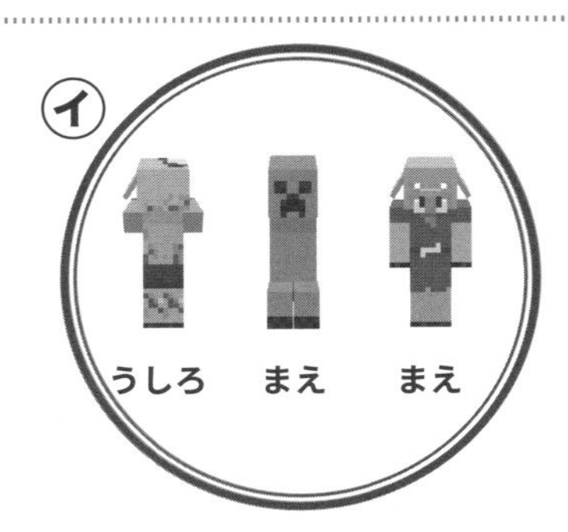

㋒
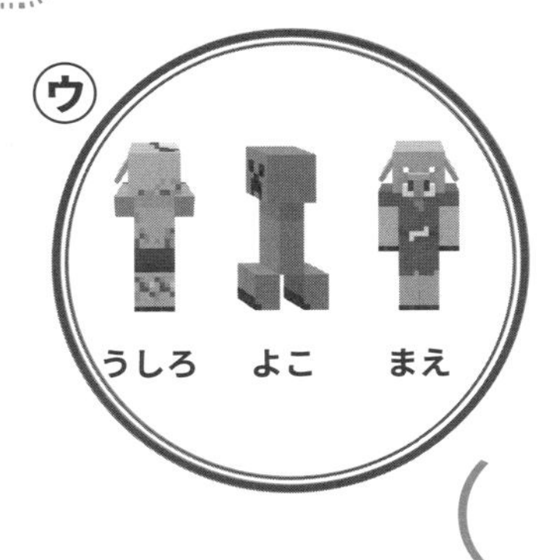

（　　　）

4 つぎの ゾンビピグリンたちの ようすに あてはまる ものは ㋐〜㋒の どれですか。

40 てん

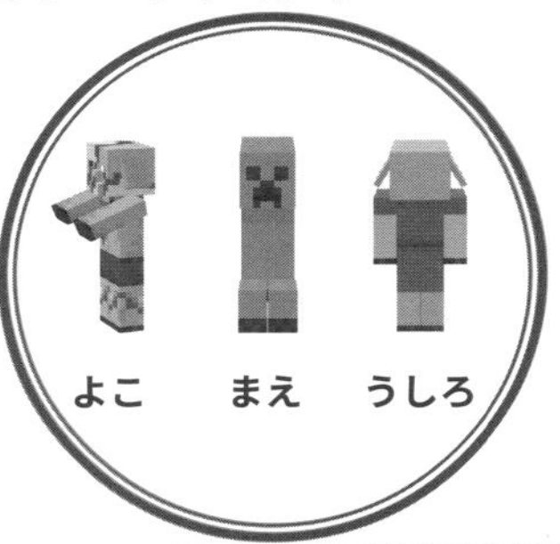

㋐
●ゾンビピグリンは よこを むいて います。
●クリーパーは まえを むいて います。
●ピグリンは うしろを むいて います。

㋑
●ゾンビピグリンは よこを むいて います。
●クリーパーは まえを むいて います。
●ピグリンは まえを むいて います。

㋒
●ゾンビピグリンは よこを むいて います。
●クリーパーは まえを むいて います。
●ピグリンは よこを むいて います。

（　　　）

19 森(もり)の　ようかんの　たからばこ

やったね
シールを
はろう

1 スティーブと　アレックスが　森(もり)の　ようかんの　中(なか)で
たからばこを　見(み)つけました。それぞれの　たからばこの
中(なか)に　かたちカード（●▲■）が　入(はい)って　います。
村人(むらびと)の　ところへ　もって　いくと　ひいた　カードの
かたちに　よって　３つの　アイテムと　こうかん　できます。

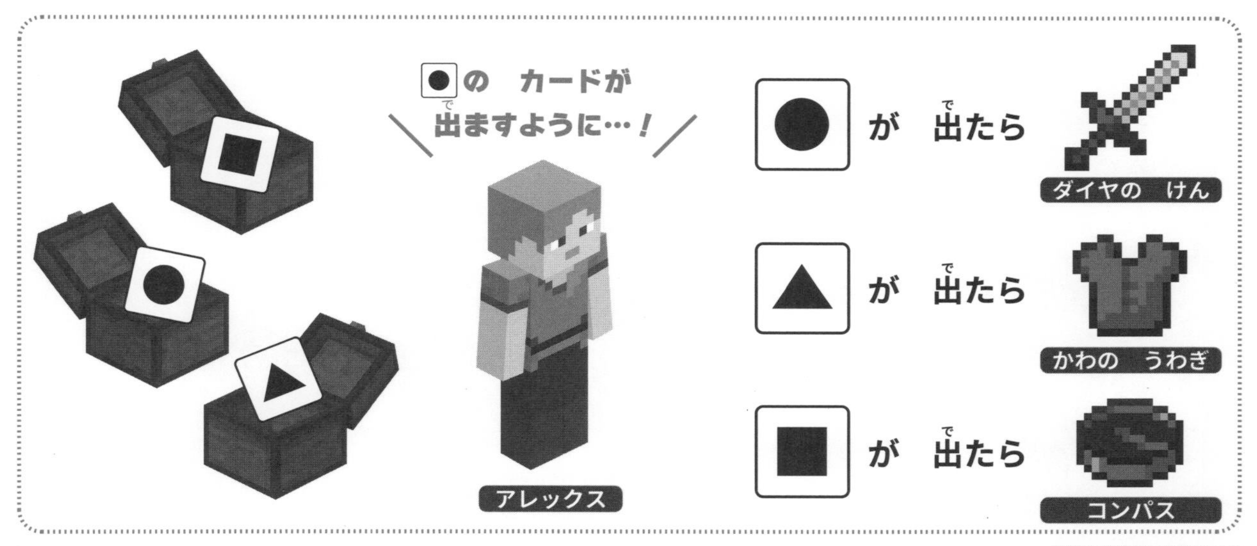

60 てん
(1つ15てん)

①スティーブの　カードは　▲でした。どの　アイテムと
こうかん　できますか。

(　　　　　　　　　　　　　　　　)

②アレックスの　カードは　●でした。どの　アイテムと
こうかん　できますか。

(　　　　　　　　　　　　　　　　)

③2かい目に　ひいた　スティーブの　カードは　■と　▲でした。どの　アイテムと　こうかん　できますか。

（　　　　　と　　　　　）

④2かい目に　ひいた　アレックスの　カードは　●と　■でした。どの　アイテムと　こうかん　できますか。

（　　　　　と　　　　　）

2 **1**で　スティーブは　あわせて　3まいの　カードを　ひきました。スティーブが　こうかん　できた　アイテムの　くみあわせで　正しいのは　㋐〜㋒の　どれですか。

40てん

㋐　㋑　㋒

（　　　）

ぶんさ

20 かおの カード

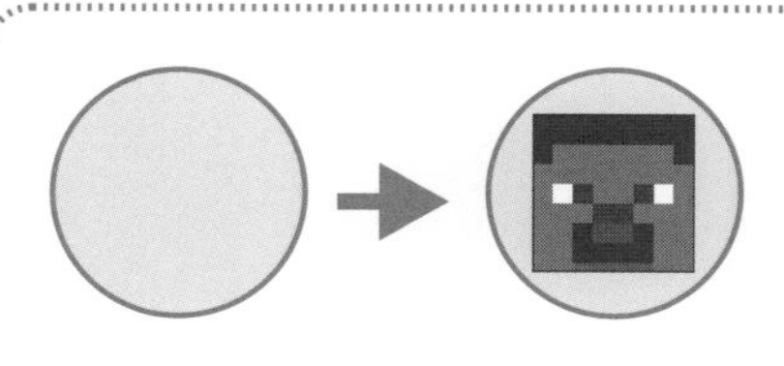

月 日

てん

やったね シールを はろう

1 スティーブは かおの カードを もって います。

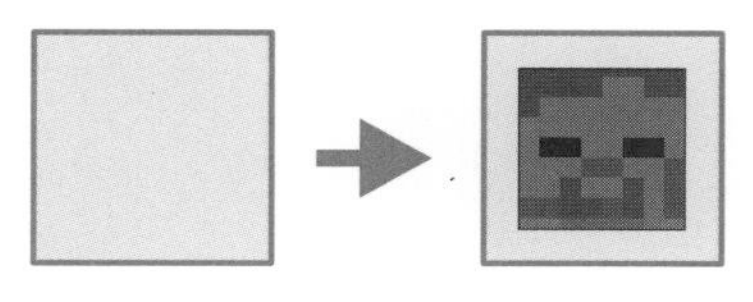

まるの カードには スティーブ（ ）の かおが かかれて います。

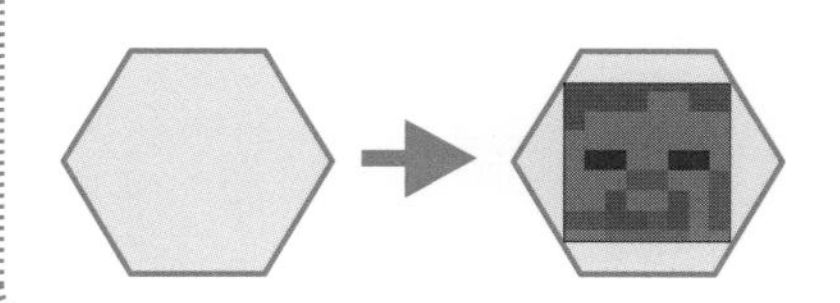

まるでは ない カードには ゾンビ（ ）の かおが かかれて います。

つぎの ㋐〜㋓の うち かおが すべて 正しく かかれて いるのは どれですか。

50 てん

㋐   

㋑   

㋒   

㋓   

（　　　　）

2 アレックスも　かおの　カードを　もって　います。

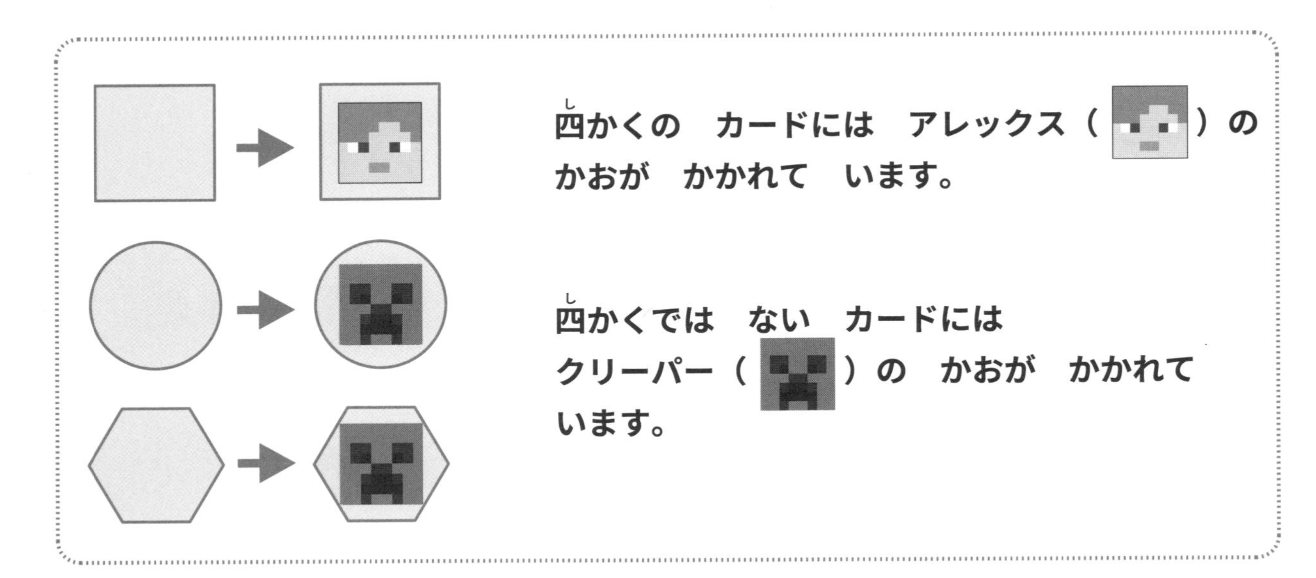

つぎの　㋐～㋓の　うち　かおが　すべて　正しく　かかれて　いるのは　どれですか。

50 てん

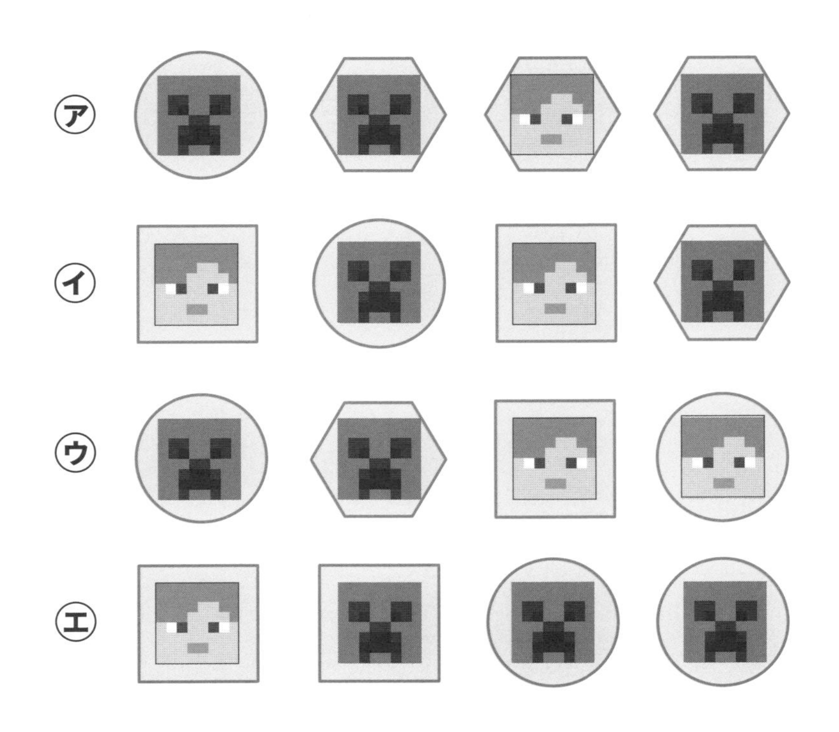

（　　　）

21 たからばこを 手に 入れよう

やったね シールを はろう

てん

1 スティーブと　アレックスが　たからばこを　見つけました。じゃんけんに　かった　ほうが　たからばこの　中みを　もらえます。さいしょに　出した　手の　じゃんけんに　かつ　マスの　ほうへ　すすみましょう。

50 てん
(1 つ 25 てん)

☆ななめには　すすめないよ。

①

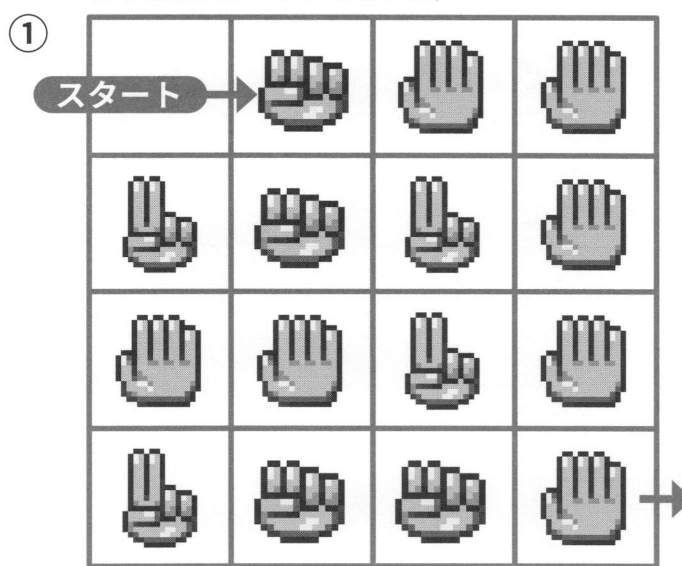

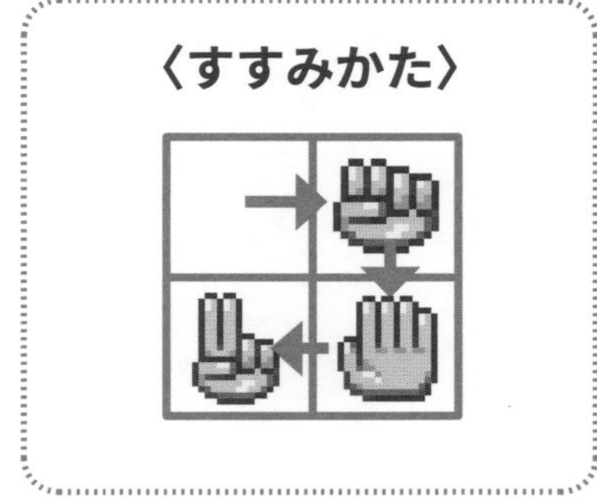

たからばこ

☆ななめには　すすめないよ。

②

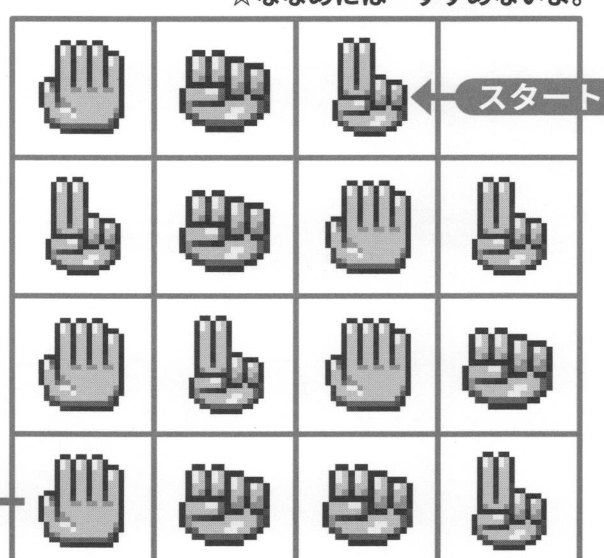

おなじ　みちは
とおれないよ。

スティーブ

2 スティーブと　アレックスが　あたらしい　たからばこを見つけました。じゃんけんに　まけた　ほうが　たからばこの中みを　もらえます。さいしょに　出した　手のじゃんけんに　まける　マスの　ほうへ　すすみましょう。

50てん
(1つ25てん)

☆ななめには　すすめないよ。

①

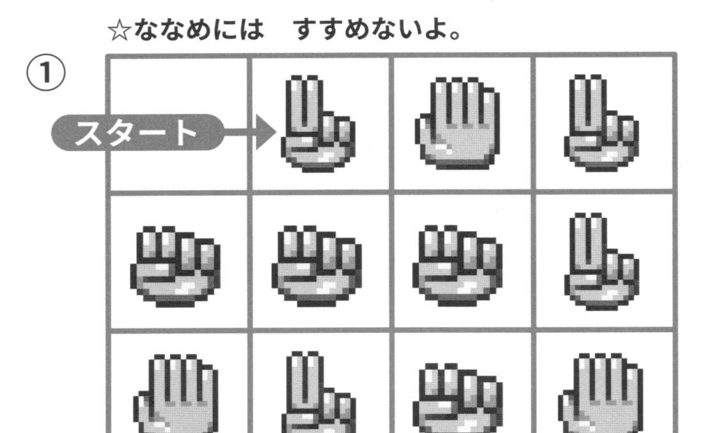

☆ななめには　すすめないよ。

②

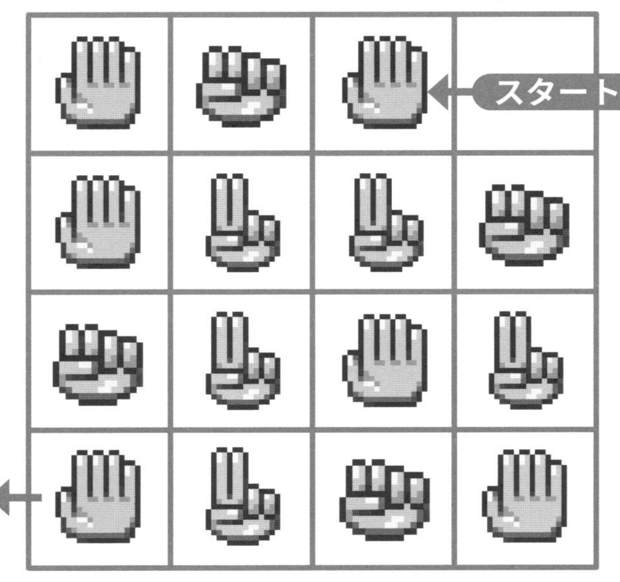

22 かまどで りょうりを しよう

やったね シールを はろう

1 スティーブが かまどを つくりました。かまどで にくだけを やいて ボウルに 入れます。それぞれの ボウルの 中には なんまいの にくが 入りますか。正しい かずに ○を つけましょう。

60 てん (1つ 20 てん)

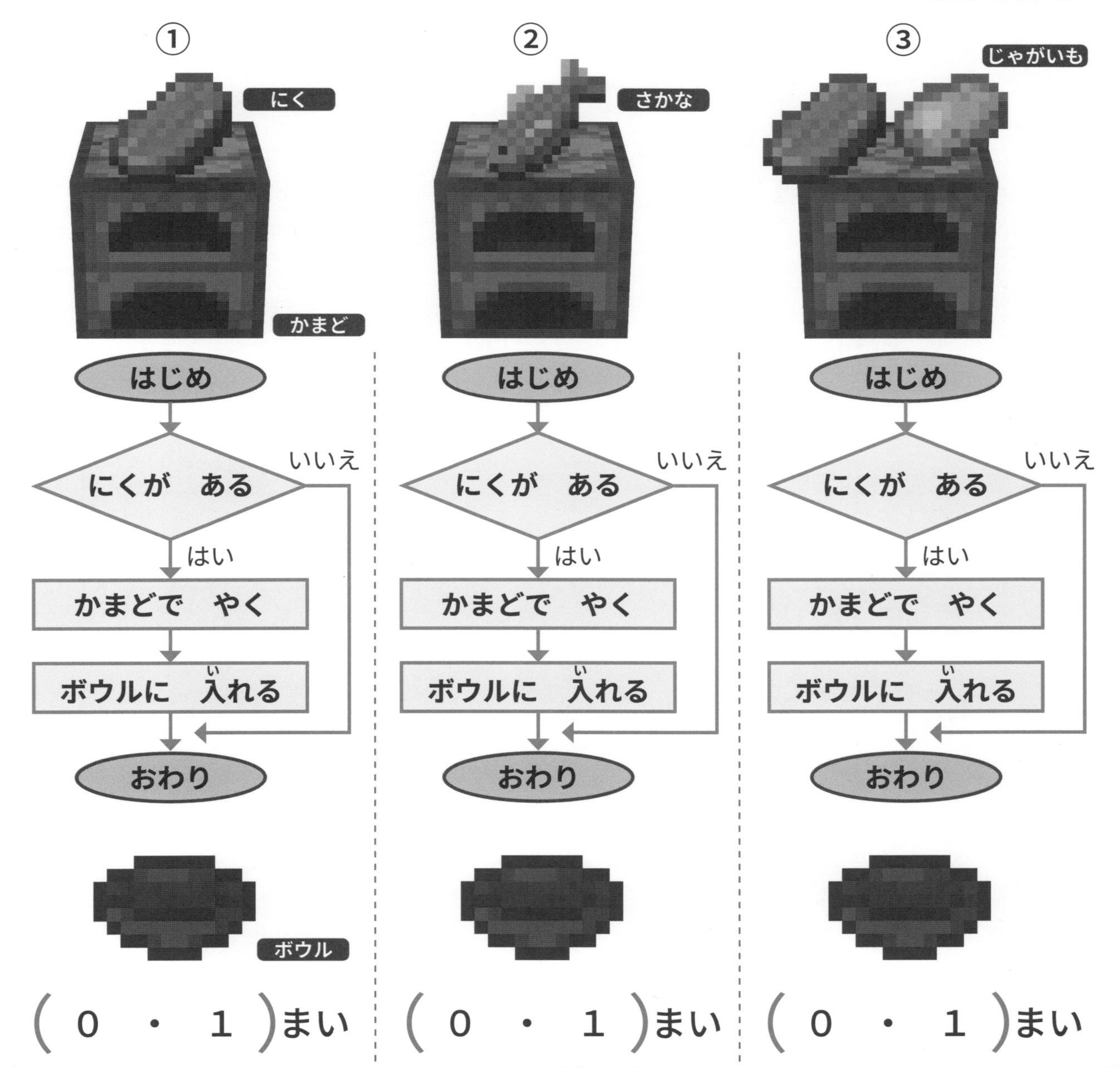

① (0 ・ 1)まい

② (0 ・ 1)まい

③ (0 ・ 1)まい

2 アレックスが　かまどを　つくりました。かまどで　さかなだけを　やいて　ボウルに　入れます。それぞれの　ボウルの　中には　いくつの　さかなが　入りますか。正しい　かずに　○を　つけましょう。

40てん
(1つ20てん)

①

はじめ

さかなが　ある

いいえ

はい

かまどで　やく

ボウルに　入れる

おわり

(0 ・ 1 ・ 2)

②

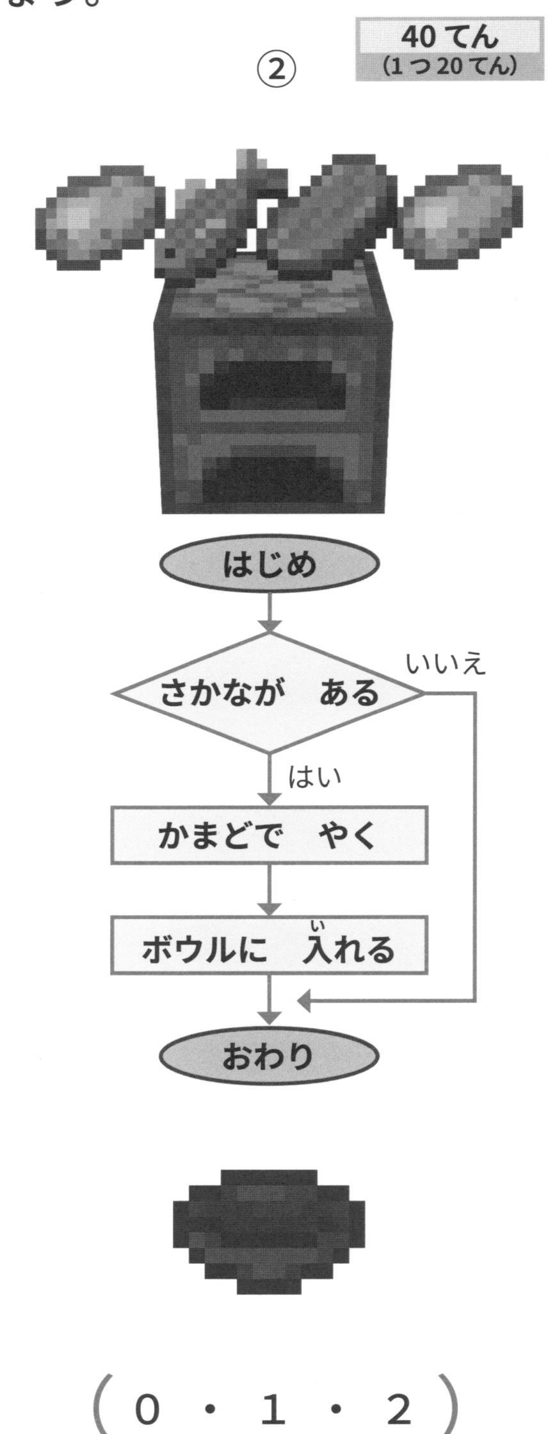

(0 ・ 1 ・ 2)

23 まとめの　ミニテスト

やったね
シールを
はろう

31～46 ページで　学しゅうした　「ぶんき」を　おさらいしましょう。

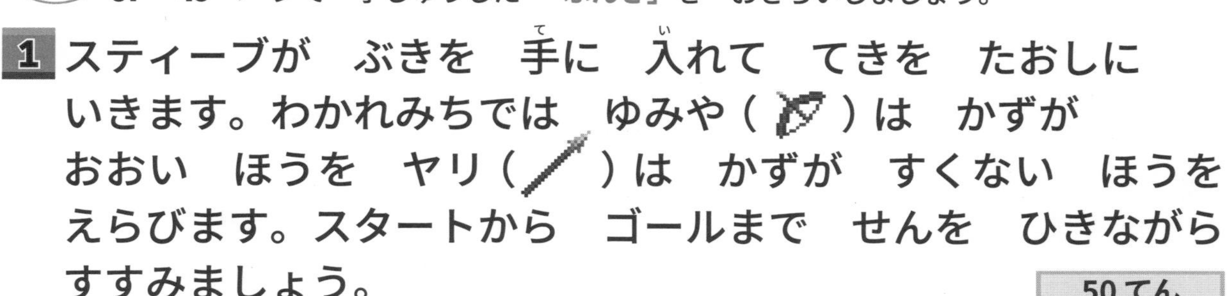

1 スティーブが　ぶきを　手に　入れて　てきを　たおしに いきます。わかれみちでは　ゆみや（ ）は　かずが おおい　ほうを　ヤリ（ ）は　かずが　すくない　ほうを えらびます。スタートから　ゴールまで　せんを　ひきながら すすみましょう。

50 てん

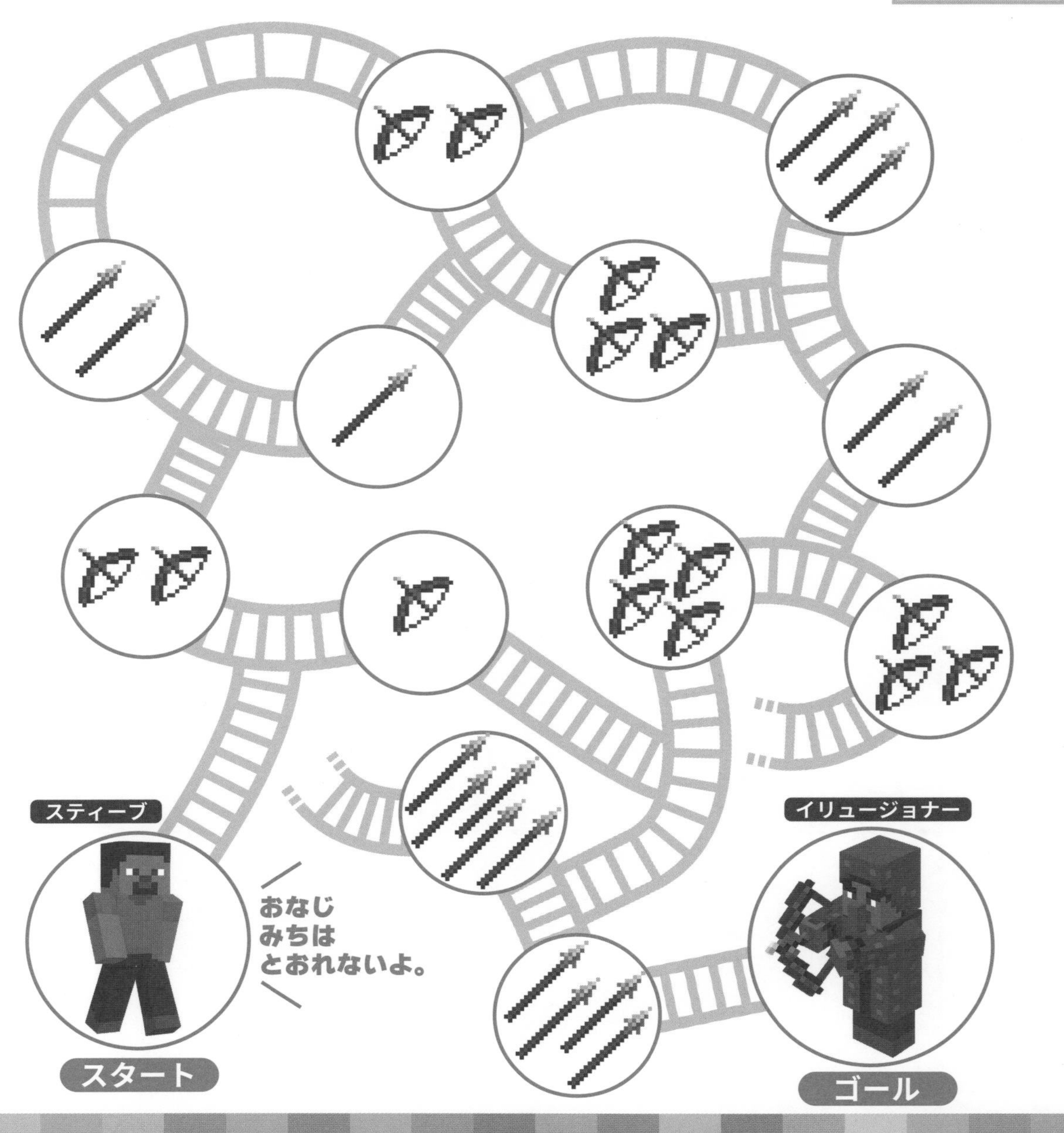

2 スティーブが　ぼうえんきょうで　ならんで　いる
モンスターたちを　見つけました。㋐〜㋒の　うち
［　　］に　すべて　あてはまるのは　どれですか。　25 てん

- エヴォーカーは　よこを　むいて　います。
- ヴェックスは　うしろを　むいて　います。
- ヴィンディケーターは　まえを　むいて　います。

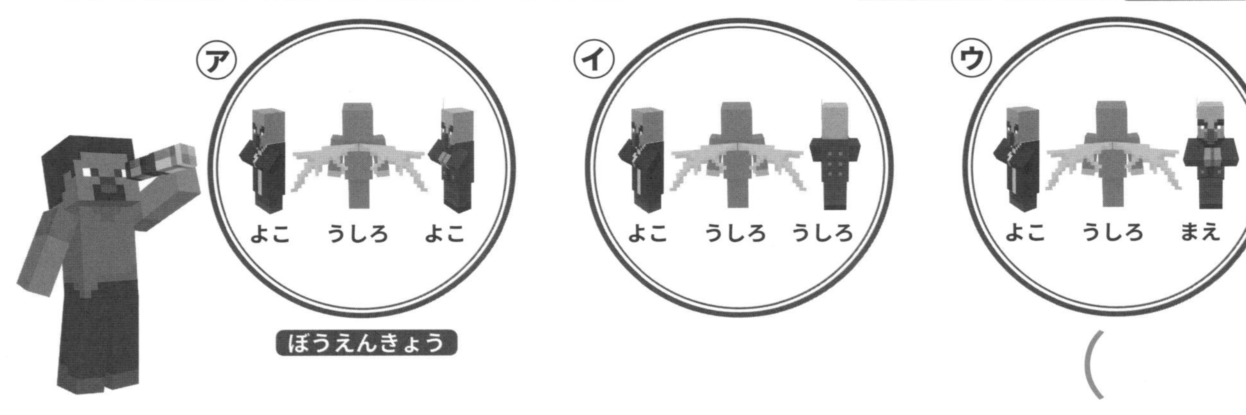

（　　　）

3 スティーブが　たからばこを　見つけました。じゃんけんに
かった　ほうが　たからばこの　中みを　もらえます。
さいしょに　出した　手の　じゃんけんに　かつ　マスの
ほうへ　すすみましょう。

☆ななめには　すすめないよ。　25 てん

①

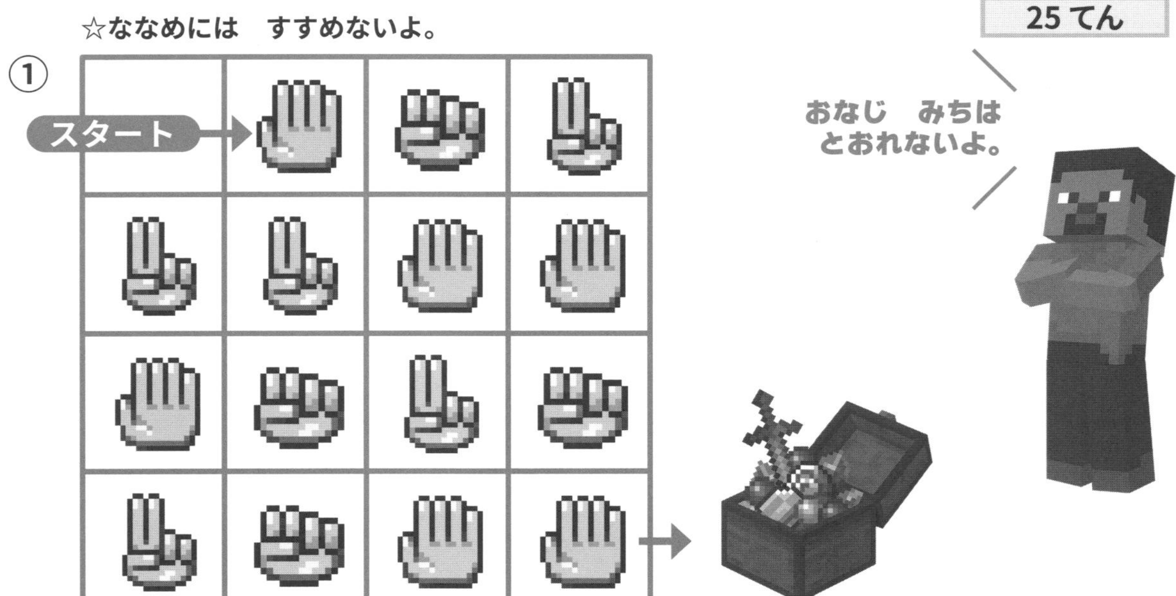

トロッコで　えきへ　いこう

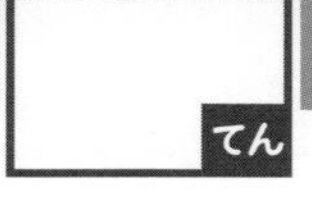

やったね シールを はろう

おうちの方へ イベント処理のプログラミングを学ぶ

24～25では、「イベント処理」について学びます。「イベント処理」とは、何か特定のことが起きたときに、プログラムが処理を実行することです。各問題では、条件の内容を確認したら「まず、指先を使って進む方向を考えてみよう」などと促すとよいでしょう。

トロッコは　スティーブが　めいれいした　とおりに　えきに　むかって　すすみます。

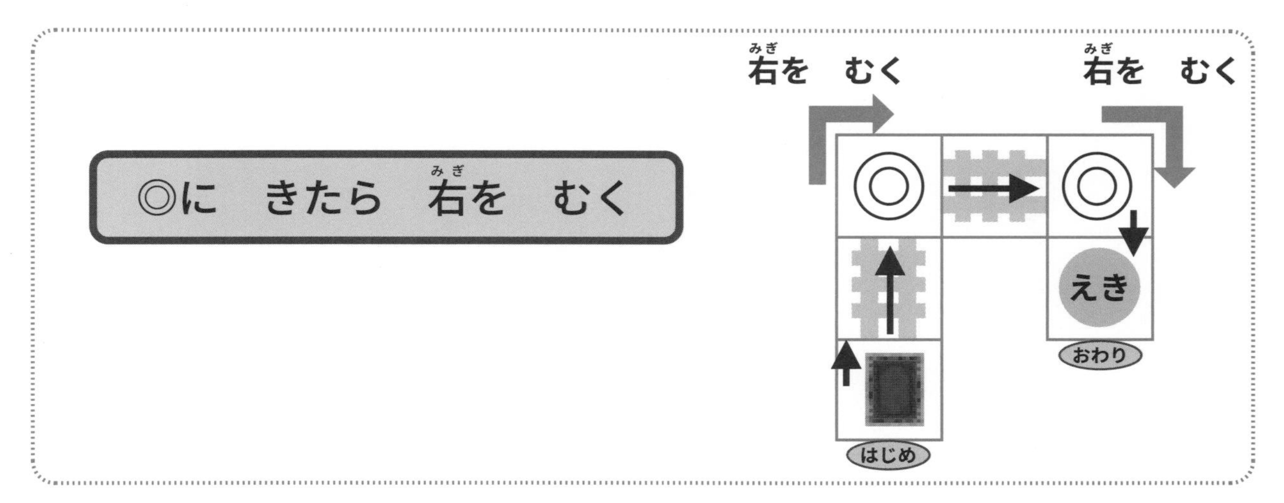

1 つぎの　めいれいの　とおりに　すすんだ　とき　トロッコが　えきに　つく　ことが　できたのは　㋐～㋒の　どれですか。

◎に　きたら　左を　むく

30てん

㋐

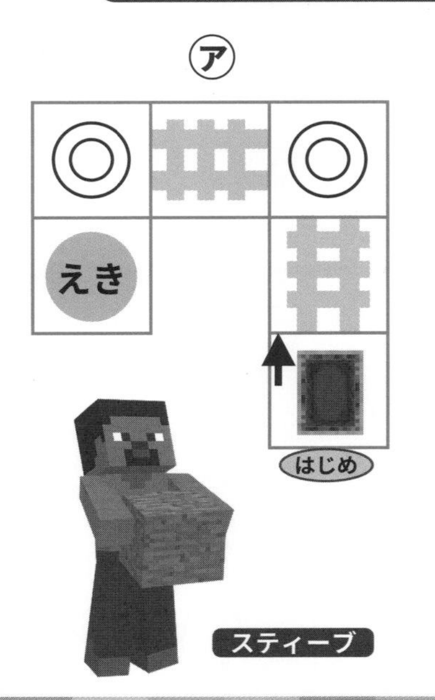

㋑

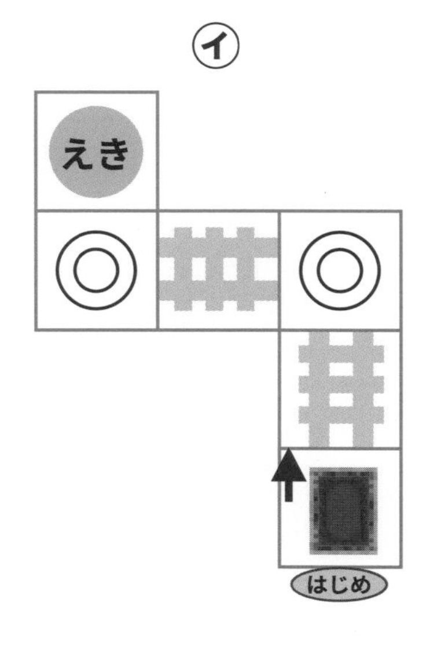

㋒

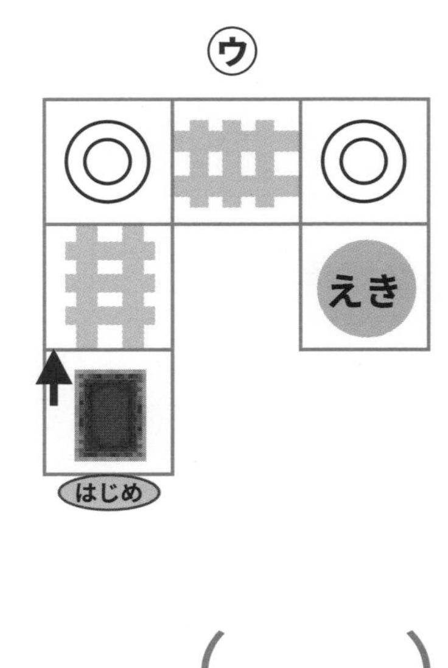

(　　　)

2 つぎの　めいれいの　とおりに　すすんだ　とき　トロッコが　えきに　つく　ことが　できたのは　㋐〜㋒の　どれですか。

30 てん

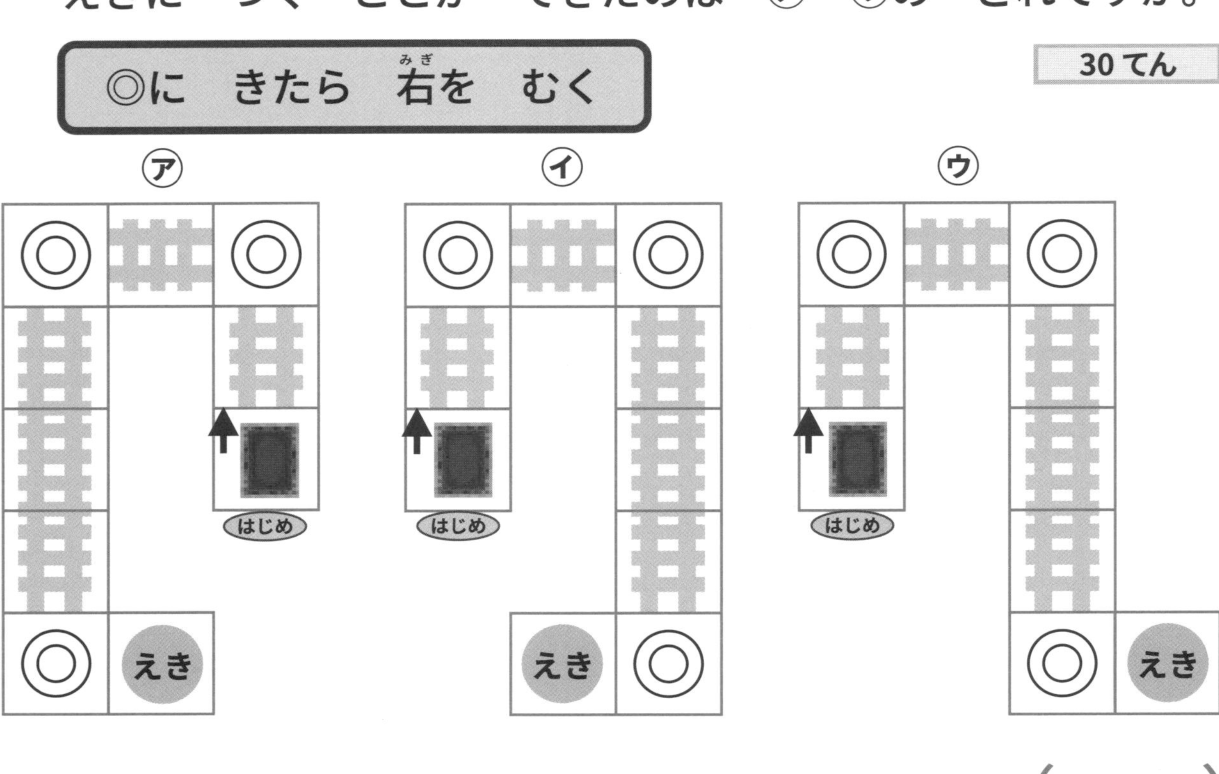

(　　　)

3 トロッコが　えきに　つく　ことが　できる　正しい　めいれいは　どちらですか。

40 てん

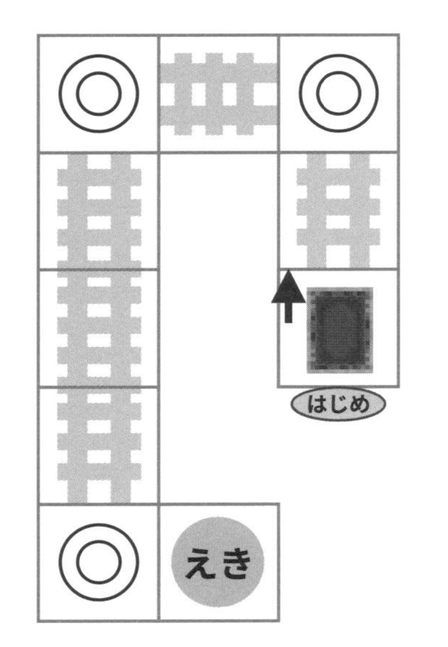

㋐ ◎に　きたら　右を　むく

㋑ ◎に　きたら　左を　むく

(　　　)

トロッコで　みなとへ　いこう

月　日

やったね
シールを
はろう

トロッコは　アレックスが　めいれいした　とおりに　みなとへ
むかって　すすみます。

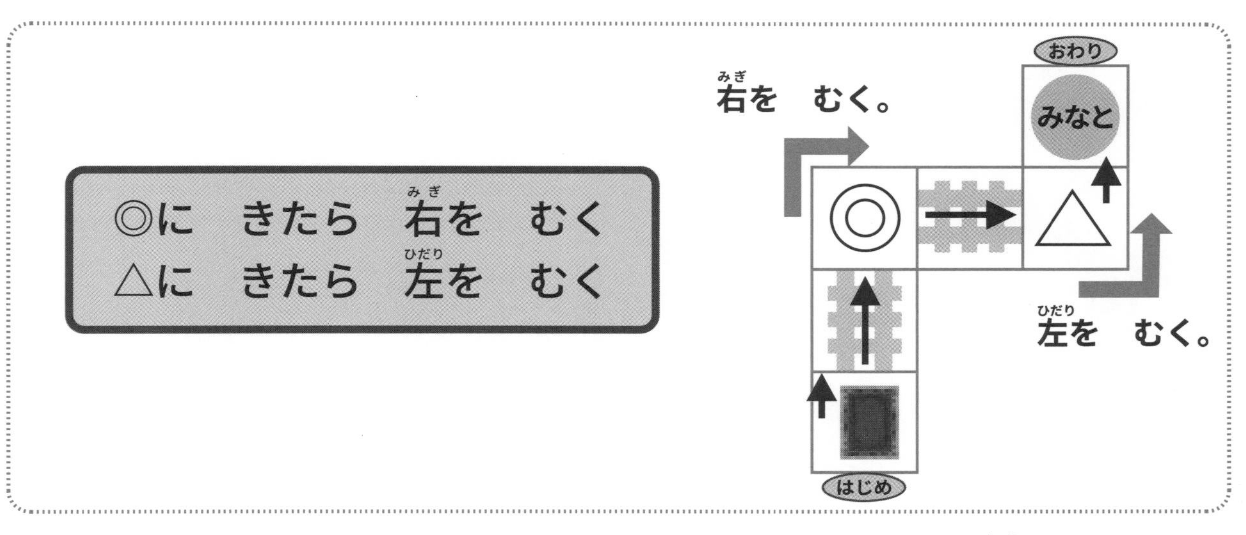

1 トロッコが　みなとに　つく　ことが　できる　正しい
めいれいは　㋐～㋒の　どれですか。

30 てん

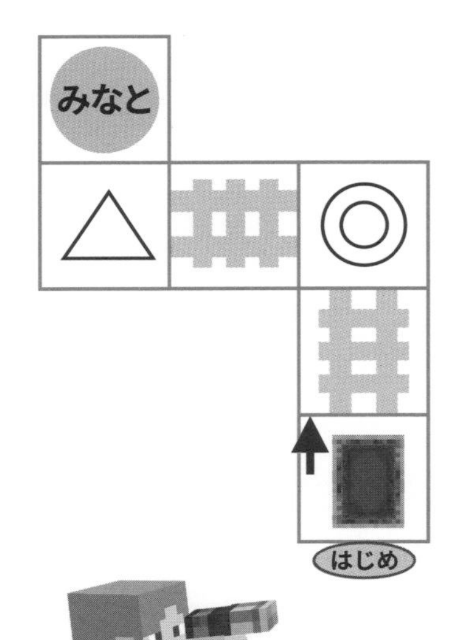

㋐
◎に　きたら　左を　むく
△に　きたら　左を　むく

㋑
◎に　きたら　右を　むく
△に　きたら　左を　むく

㋒
◎に　きたら　左を　むく
△に　きたら　右を　むく

アレックス

（　　　　）

2 トロッコが　みなとに　つく　ことが　できる　正(ただ)しい　めいれいは　㋐～㋒の　どれですか。

30 てん

㋐
◎に　きたら　右(みぎ)を　むく
△に　きたら　左(ひだり)を　むく

㋑
◎に　きたら　右(みぎ)を　むく
△に　きたら　右(みぎ)を　むく

㋒
◎に　きたら　左(ひだり)を　むく
△に　きたら　右(みぎ)を　むく

みなと

はじめ

(　　　)

3 つぎの　めいれいの　とおり　すすんだ　とき　トロッコが　みなとに　つく　ことが　できたのは　㋐～㋒の　どれですか。

40 てん

◎に　きたら　左(ひだり)を　むく
△に　きたら　右(みぎ)を　むく

㋐ みなと はじめ

㋑ みなと はじめ

㋒ みなと はじめ

(　　　)

たからの　ちず

月　日

やったね
シールを
はろう

おうちの方へ　コンピュータの考え方を学ぶ

26～30では、いろいろな「コンピュータの考え方」について学びます。コンピュータでは、「0」と「1」の2つの数字を使った2進法で表現されます。それ以外に、0～9とA～Fの16個の英数字を用いた16進法などでも表現されます。27は、「0」と「1」に加えて、「2」も含めた3つの数字を使って学習に取り組んでみましょう。その他、28の複数の条件がすべて成り立つ「論理積（AND）」、29のデータの表し方の1つである「木構造」などを学びます。31は、「イベント処理」と「コンピュータの考え方」のまとめのミニテストです。

スティーブは　あんごうで　かかれた　たからの　ちずを　手（て）に　入（い）れました。

ちずには　すう字（じ）の　1の　マスを　ぬるように　かかれて　います。

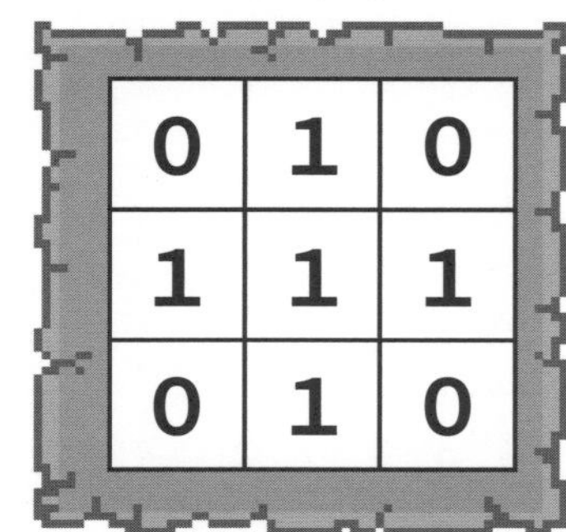

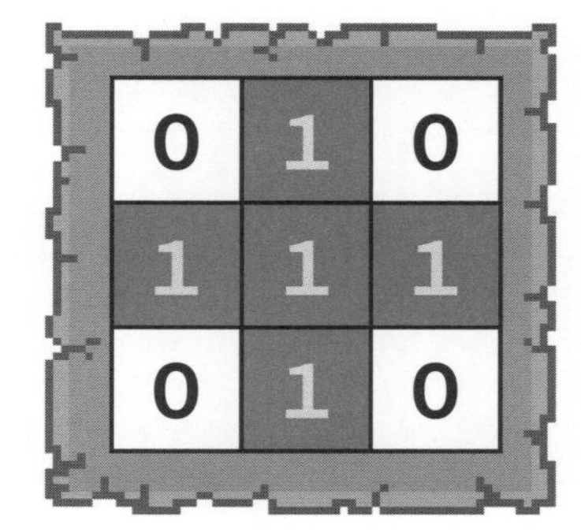

1 つぎは　もう　1まいの　ちずです。1の　マスを　ぬった　ものは　㋐～㋒の　どれですか。

20てん

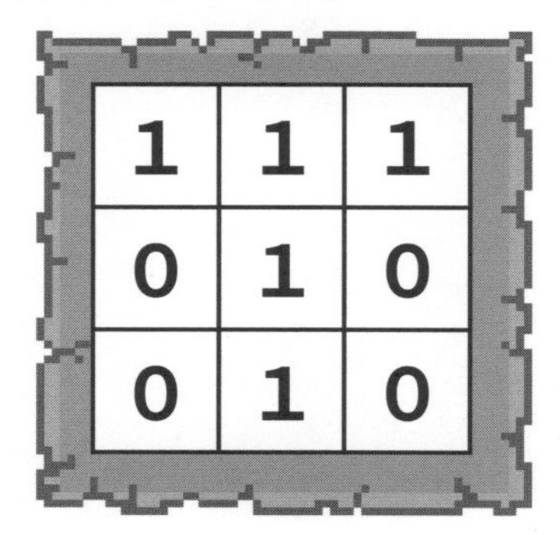

㋐

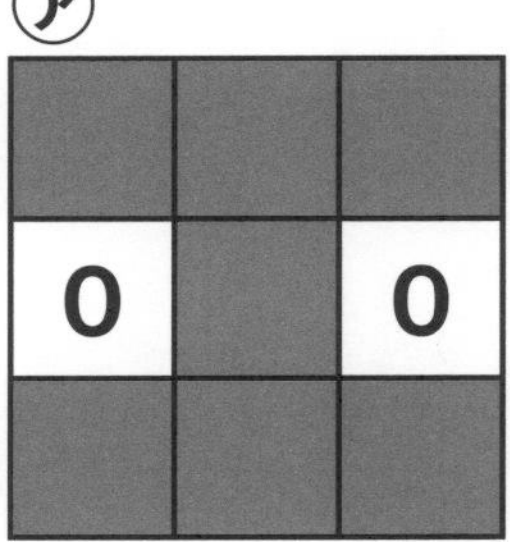

㋑

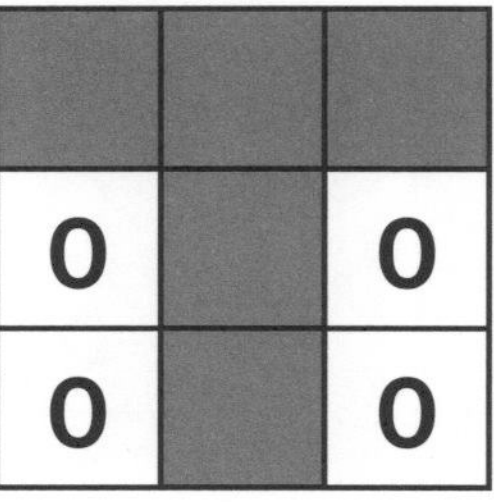

㋒

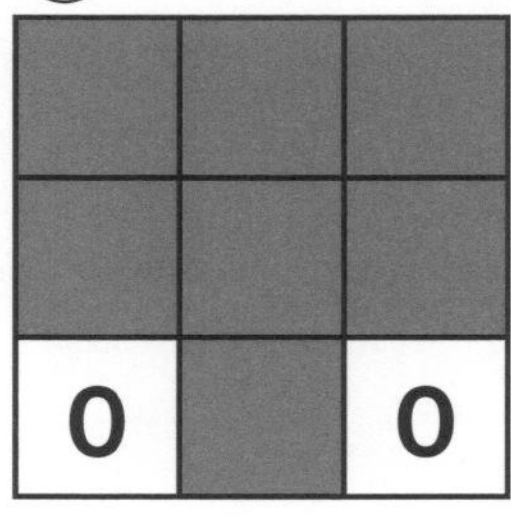

（　　　）

2 スティーブは　あたらしい　たからの　ちずを　手に入れました。

①[1]の　マスを　ぬる　まえの　ものは　㋐〜㋒の　どれですか。

30 てん

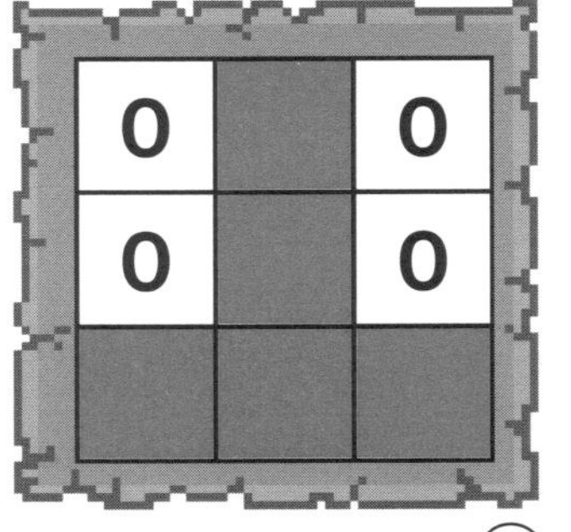

㋐

0	1	0
0	1	0
1	1	1

㋑

0	1	0
1	1	1
0	1	0

㋒

1	1	1
0	1	0
1	1	1

(　　　)

②もう　1まいの　ちずです。[1]の　マスを　ぬる　まえの　ものは　㋐〜㋒の　どれですか。

50 てん

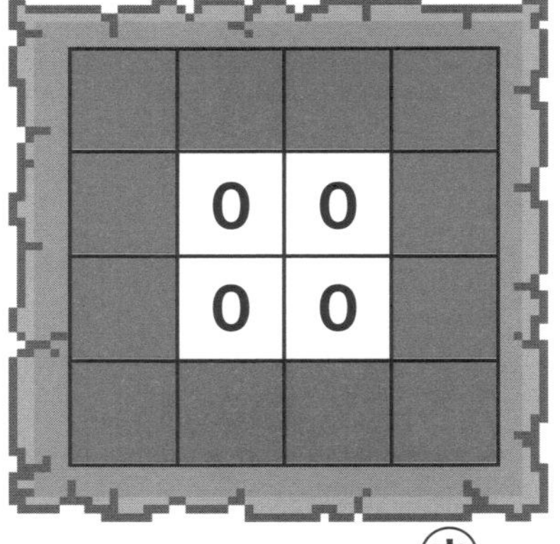

㋐

1	1	1	1
0	1	0	1
0	1	0	1
1	1	1	1

㋑

1	0	0	1
1	0	0	1
1	0	0	1
1	1	1	1

㋒

1	1	1	1
1	0	0	1
1	0	0	1
1	1	1	1

(　　　)

かんがえかた

27 かくしとびらの　スイッチ

やったね シールを はろう

がつ 月　にち 日

1 アレックスは　ジャングルの　じいんで　かくしとびらの
スイッチを　見(み)つけました。

かくしとびらの　スイッチを　入(い)れると [1] と [2] の　マスに
それぞれ　ちがう　いろが　ついて　とびらが　ひらきます。

→

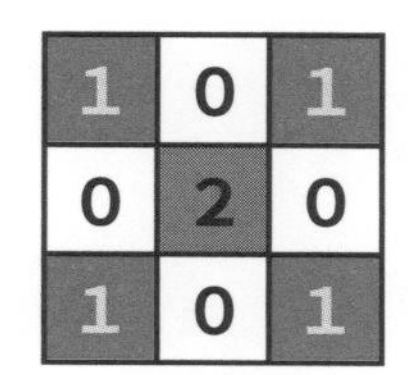

①スイッチを　入(い)れると　㋐～㋒の　どれに　なりますか。

20 てん

1	0	1
2	0	2
1	0	1

㋐

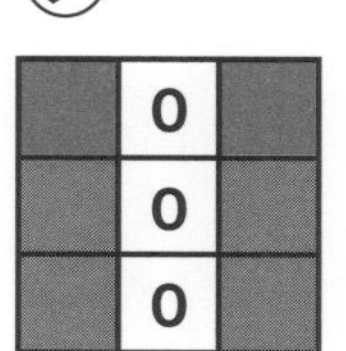

㋑

㋒

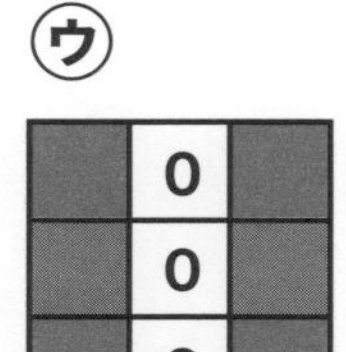

(　　　)

②スイッチを　きると　㋐～㋒の　どれに　なりますか。

20 てん

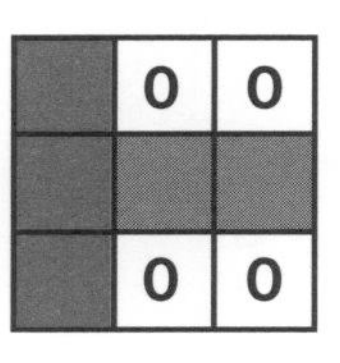

㋐

1	0	0
1	2	2
1	0	0

㋑

1	0	0
1	2	0
1	0	0

㋒

1	2	2
1	0	0
1	0	0

(　　　)

2 アレックスは　つぎの　かくしとびらの　スイッチを見(み)つけました。

①スイッチを　入(い)れると　㋐～㋒の　どれに　なりますか。

30てん

2	2	1	1
0	0	1	0
0	0	1	0
1	1	2	2

㋐

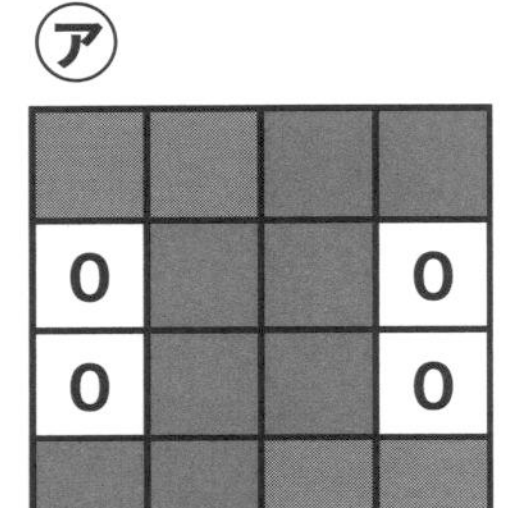

㋑

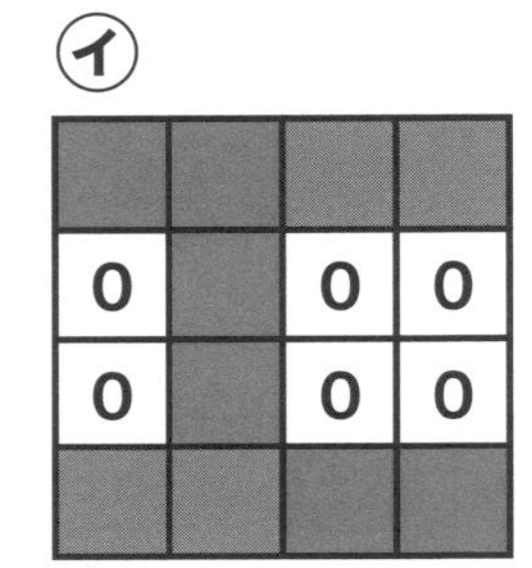

㋒

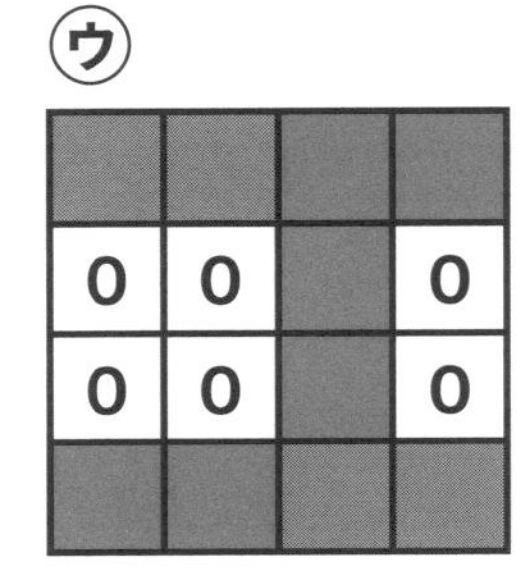

(　　　)

②スイッチを　きると　㋐～㋒の　どれに　なりますか。

30てん

	0	0	0	
0				0
0				0
0				0
	0	0	0	

㋐

0	0	0	0	0
0	2	2	2	0
0	2	1	2	0
0	2	2	2	0
0	0	0	0	0

㋑

1	0	0	0	1
0	2	2	2	0
0	2	1	2	0
0	2	2	2	0
1	0	0	0	1

㋒

1	0	0	0	1
0	2	2	2	0
0	2	0	2	0
0	2	2	2	0
1	0	0	0	1

(　　　)

かんがえかた

りょこうの　けいかくを　立てよう

やったね
シールを
はろう

1 スティーブが　はる（３月〜５月）と　なつ（６月〜８月）に イルカを　見に　いく　りょこうの　けいかくを　立てて います。スティーブが　りょこうに　いく　ことが　できる 月に　かおの　マークが　あります。

はる			なつ		
3月	4月	5月	6月	7月	8月
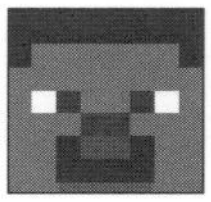				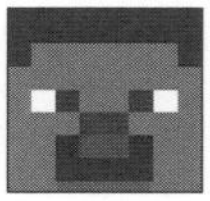	

スティーブ

イルカが　およいで　いる　月に　イルカの　マークが　あります。

はる			なつ		
3月	4月	5月	6月	7月	8月
	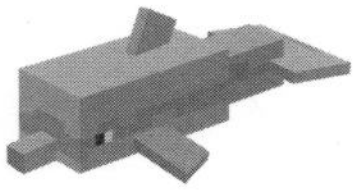			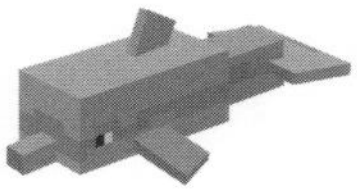	

イルカ

スティーブが　イルカを　見る　ことが　できる　月は ㋐〜㋒の　どれですか。

50てん

㋐ 3月　　㋑ 4月　　㋒ 7月

（　　　）

2 アレックスが　あき（9月〜11月）と　ふゆ（12月〜2月）に イルカを　見に　いく　りょこうの　けいかくを　立てて います。アレックスが　りょこうに　いく　ことが　できる 月に　かおの　マークが　あります。

あき			ふゆ		
9月	10月	11月	12月	1月	2月
		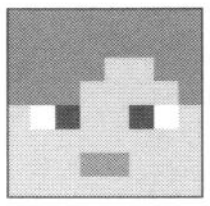			

アレックス

イルカが　およいで　いる　月に　イルカの　マークが　あります。

あき			ふゆ		
9月	10月	11月	12月	1月	2月
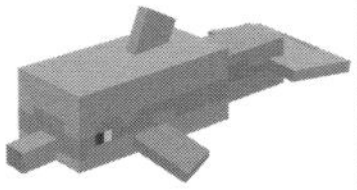		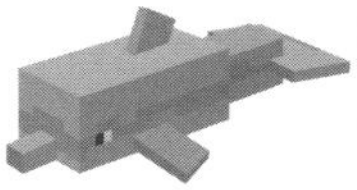	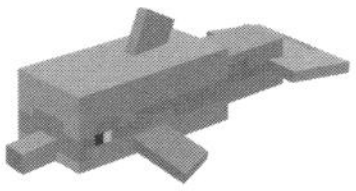		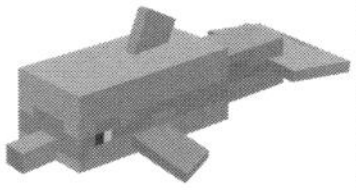

アレックスが　イルカを　見る　ことが　できる　月は ㋐〜㋓の　どれと　どれですか。

50てん

㋐ 10月　　㋑ 11月　　㋒ 12月　　㋓ 2月

（　　　　と　　　　）

えらんだ ものは？

やったね シールを はろう

1 アレックスは 上から じゅんばんに どうぶつと アイテムを えらびます。

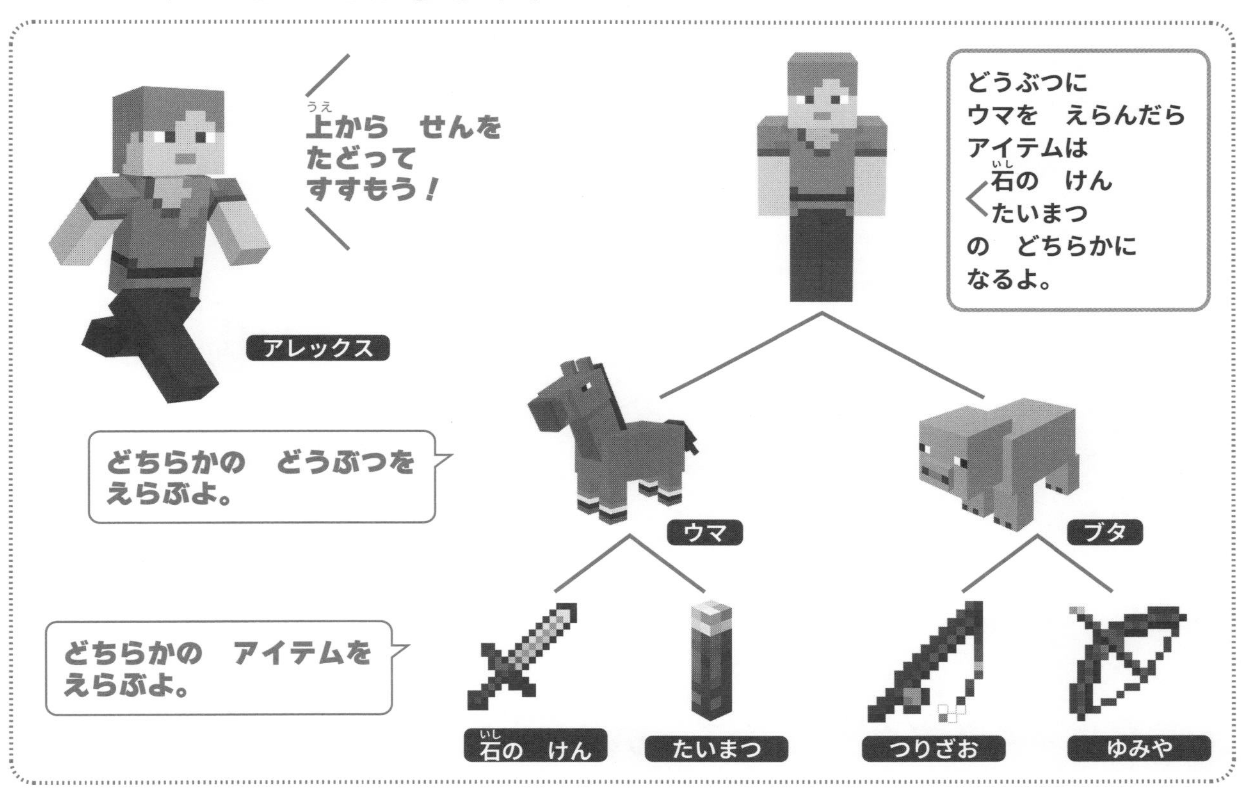

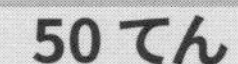

えらんだ くみあわせが 正しいのは ㋐〜㋓の どれですか。

50てん

㋐

㋑

㋒

㋓

（　　）

2 スティーブは 上(うえ)から じゅんばんに のりものと アイテムを えらびます。

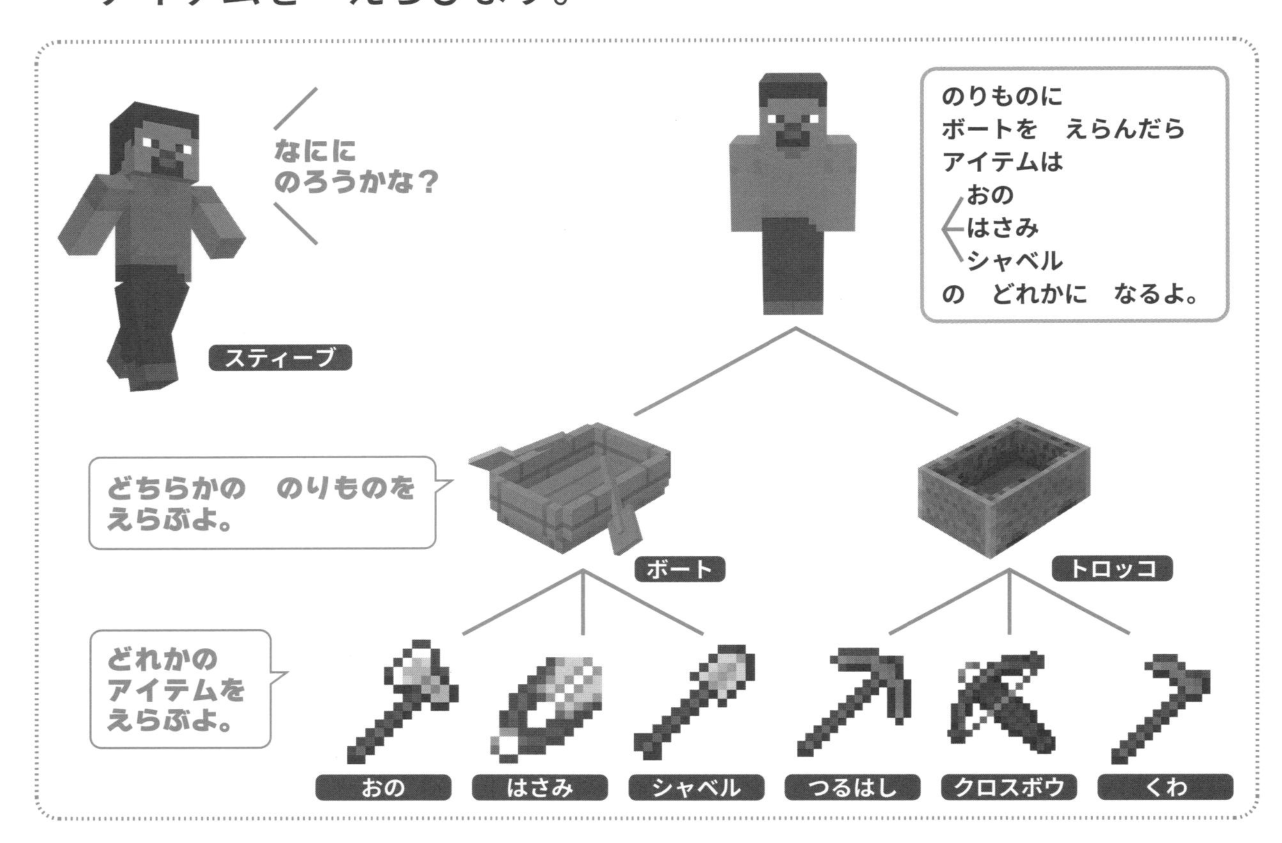

えらんだ くみあわせが 正(ただ)しいのは ㋐～㋓の どれですか。

50てん

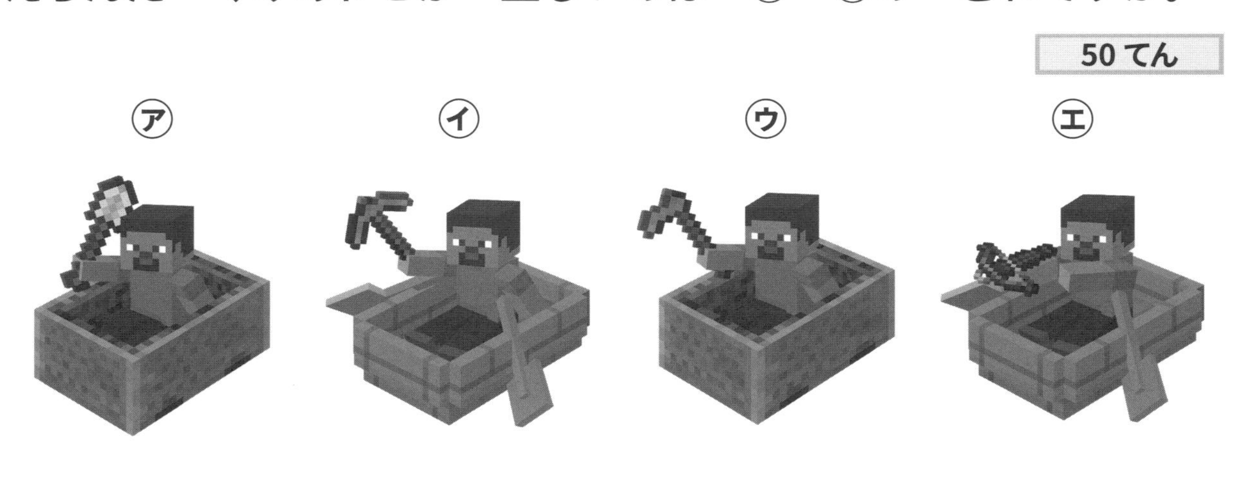

(　　　　)

アイテムを　とり出そう

やったね　シールを　はろう

1 アレックスは　ひみつの　ち下しつで　アイテムの　入った　チェスト（　）を　つみました。

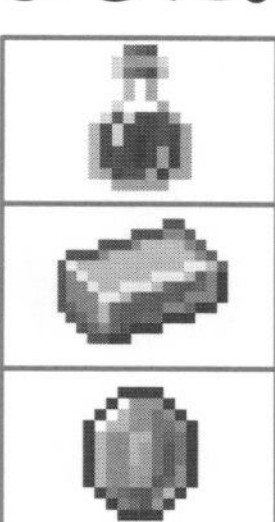

金の　インゴット

エメラルド

アレックス

れい）金の　インゴットの　入った　チェストを　とります。

①ポーションの　チェストを　よこに　どかす。

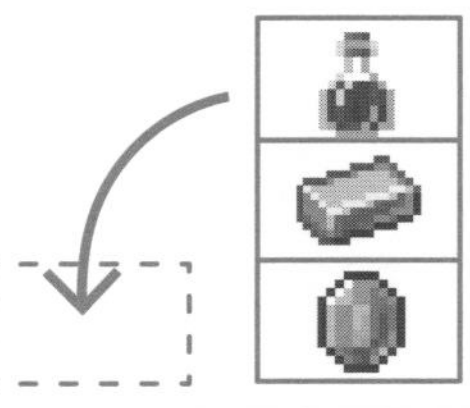

②金の　インゴットの　チェストを　とる。

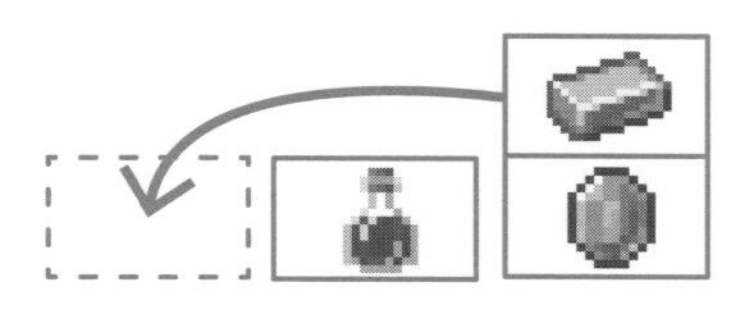

③ポーションの　チェストを　もどす。

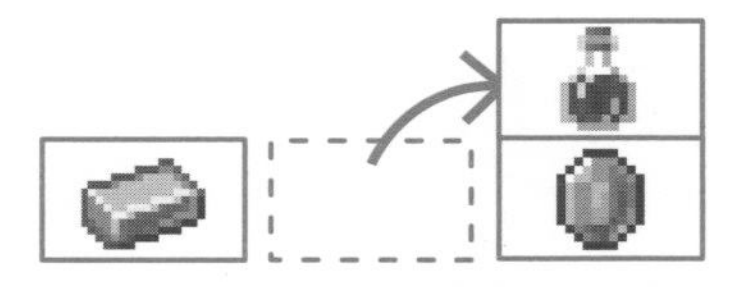

チェストを　とる　ときは　上から　じゅんばんに　1つずつ　どかすよ。

チェストを　もどす　ときは　さいしょと　おなじ　じゅんばんに　なるように　1つずつ　つむよ。

エメラルドの　チェストを　とる　とき　正しい　じゅんばんは　どちらですか。

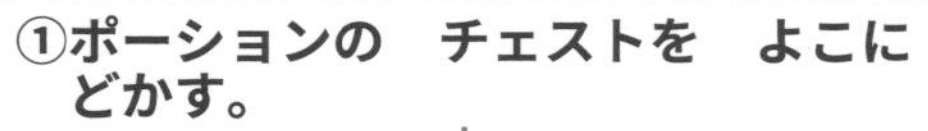

①ポーションの　チェストを　よこに　どかす。
↓
②金の　インゴットの　チェストを　よこに　どかす。
↓
③エメラルドの　チェストを　とる。
↓
④ポーションの　チェストを　もどす。
↓
⑤金の　インゴットの　チェストを　もどす。

イ

①ポーションの　チェストを　よこに　どかす。
↓
②金の　インゴットの　チェストを　よこに　どかす。
↓
③エメラルドの　チェストを　とる。
↓
④金の　インゴットの　チェストを　もどす。
↓
⑤ポーションの　チェストを　もどす。

（　　　）

2 アレックスは　かわの　入った　チェストを　もう　1こ
上に　つみました。

①ポーションの　入った　チェストを　とる　ときの
じゅんばんを　㋐〜㋓から　えらんで　かきましょう。

25てん

(1)（　　　　）の　チェストを　よこに
どかす。
↓
(2)（　　　　）の　チェストを　とる。
↓
(3)（　　　　）の　チェストを　もどす。

②金の　インゴットの　入った　チェストを　とる　ときの
じゅんばんを　㋐〜㋓から　えらんで　かきましょう。

50てん

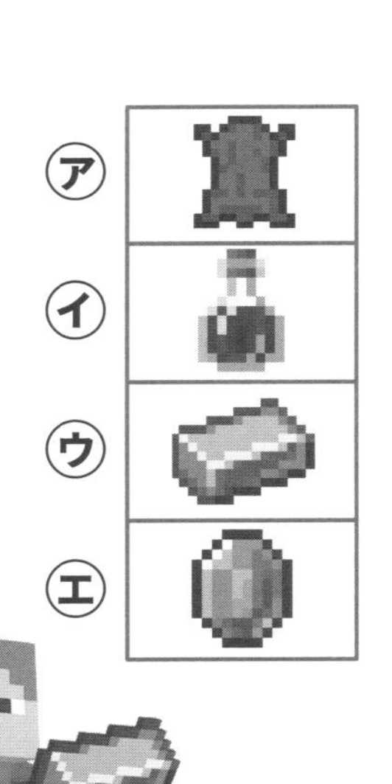

(1)（　　　　）の　チェストを　よこに
どかす。
↓
(2)（　　　　）の　チェストを　よこに
どかす。
↓
(3)（　　　　）の　チェストを　とる。
↓
(4)（　　　　）の　チェストを　もどす。
↓
(5)（　　　　）の　チェストを　もどす。

まとめの　ミニテスト

月　日　てん

やったね シールを はろう

49 ～ 62 ページで　学しゅうした「イベントしょり」と「コンピュータの　かんがえかた」を　おさらいしましょう。

1 トロッコは　スティーブが　めいれいした　とおりに　みなとに　むかって　すすみます。つぎの　めいれいの　とおりに　すすんだ　とき　トロッコが　みなとに　つく　ことが　できたのは　㋐～㋒の　どれですか。

◎に　きたら　右を　むく
△に　きたら　左を　むく

25 てん

㋐

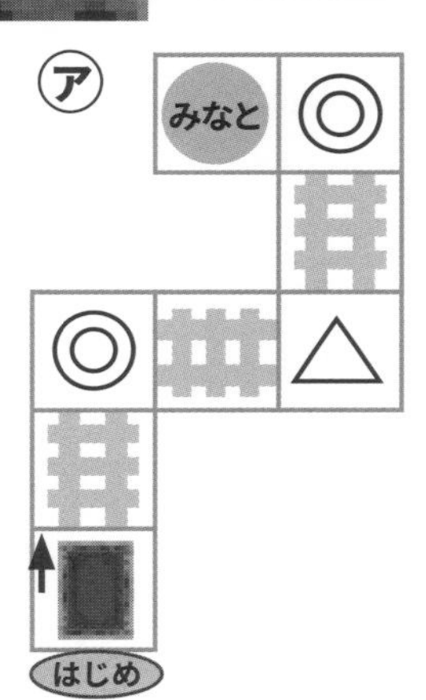

㋑

みなと

はじめ

㋒

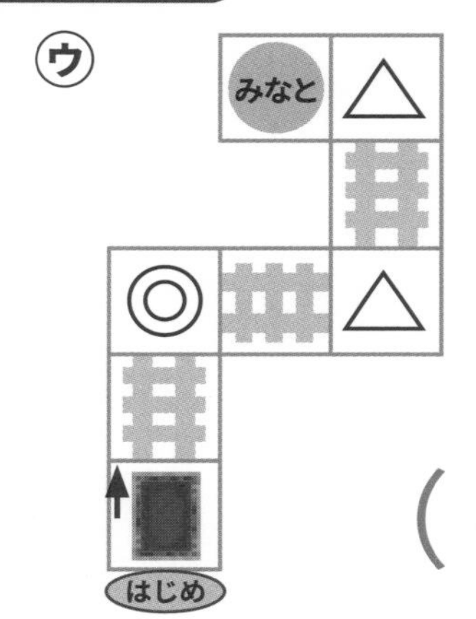

（　　　）

2 アレックスは　あんごうで　かかれた　たからの　ちずを　手に　入れました。[1]の　マスを　ぬった　ものは　㋐～㋒の　どれですか。

25 てん

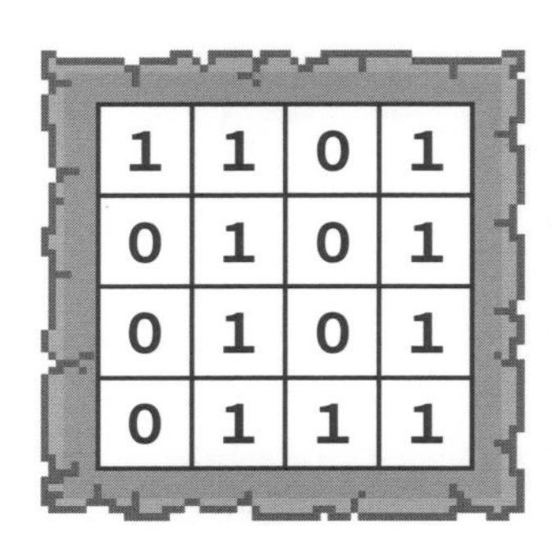

1	1	0	1
0	1	0	1
0	1	0	1
0	1	1	1

㋐

0		0	
0		0	
0		0	
0			

㋑

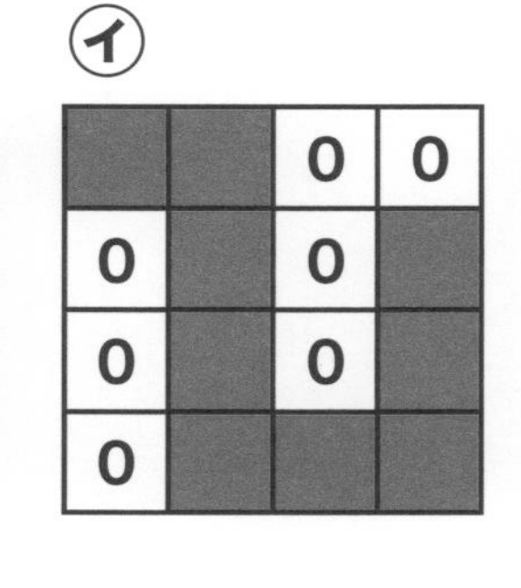

㋒

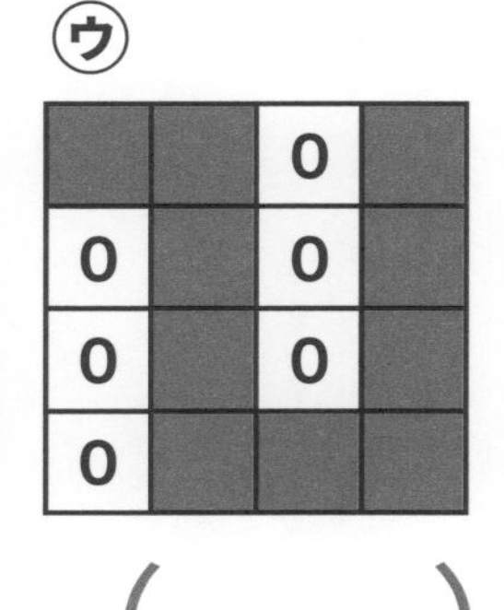

（　　　）

3 スティーブは　ジャングルの　じいんに　ある
かくしとびらの　スイッチを　見つけました。かくしとびらの
スイッチを　きると　㋐～㋒の　どれに　なりますか。

25てん

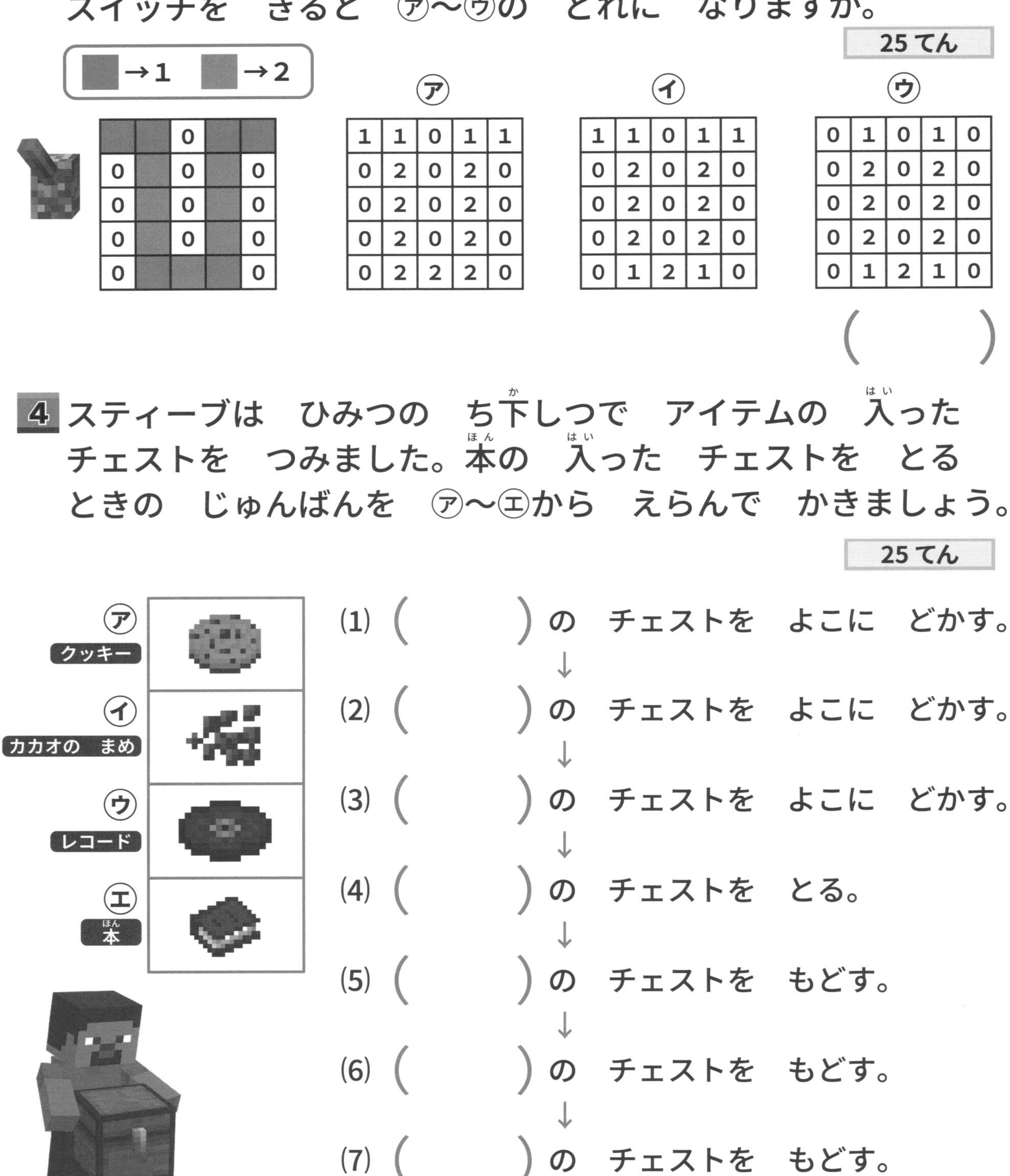

		0		
0		0		0
0		0		0
0		0		0
0				0

㋐

1	1	0	1	1
0	2	0	2	0
0	2	0	2	0
0	2	0	2	0
0	2	2	2	0

㋑

1	1	0	1	1
0	2	0	2	0
0	2	0	2	0
0	2	0	2	0
0	1	2	1	0

㋒

0	1	0	1	0
0	2	0	2	0
0	2	0	2	0
0	2	0	2	0
0	1	2	1	0

（　　　）

4 スティーブは　ひみつの　ち下しつで　アイテムの　入った
チェストを　つみました。本の　入った　チェストを　とる
ときの　じゅんばんを　㋐～㋓から　えらんで　かきましょう。

25てん

㋐ クッキー
㋑ カカオの　まめ
㋒ レコード
㋓ 本

(1)（　　　）の　チェストを　よこに　どかす。
↓
(2)（　　　）の　チェストを　よこに　どかす。
↓
(3)（　　　）の　チェストを　よこに　どかす。
↓
(4)（　　　）の　チェストを　とる。
↓
(5)（　　　）の　チェストを　もどす。
↓
(6)（　　　）の　チェストを　もどす。
↓
(7)（　　　）の　チェストを　もどす。

32 村人(むらびと)が 見(み)た もの

やったね シールを はろう

おうちの方へ 変数の考え方を学ぶ

32～34では､「変数」について学びます。「変数」とは、プログラムの中でデータ（数値や文字）を保存する領域のことです。１つの変数に保存できるものは、１つの値だけであり、それは新しく上書きすることもできます。いろいろな情報を取り込んで、名前を変更したり、四則演算に当てはめたりすることもできます。

スティーブが　ほしい　たべものと　こうかん　できる　カードを　もって　村人(むらびと)に　あいに　いきます。村人(むらびと)は　さいごに　見(み)た　カードに　かかれた　ものを　おぼえる　ことが　できます。

スティーブが　村人(むらびと)に　にんじんと　りんごの　カードを　見(み)せます。村人(むらびと)は　りんごを　おぼえることが　できます。

●スティーブが　見(み)せた　カード

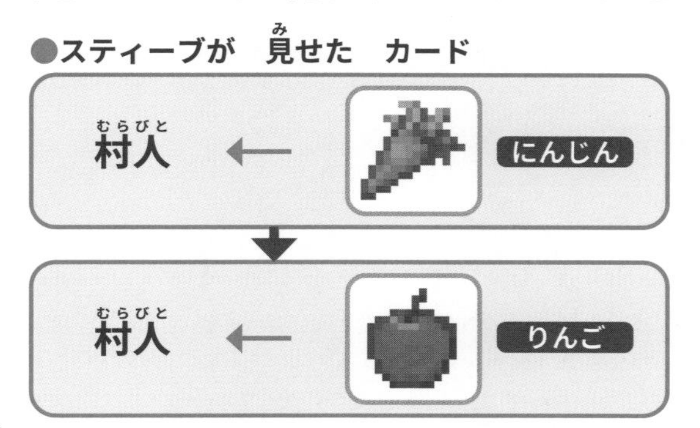

1 スティーブが　つぎの　じゅんばんで　村人(むらびと)に　カードを　見(み)せた　とき　村人(むらびと)が　おぼえて　いる　たべものは　㋐～㋒の　どれですか。

30 てん

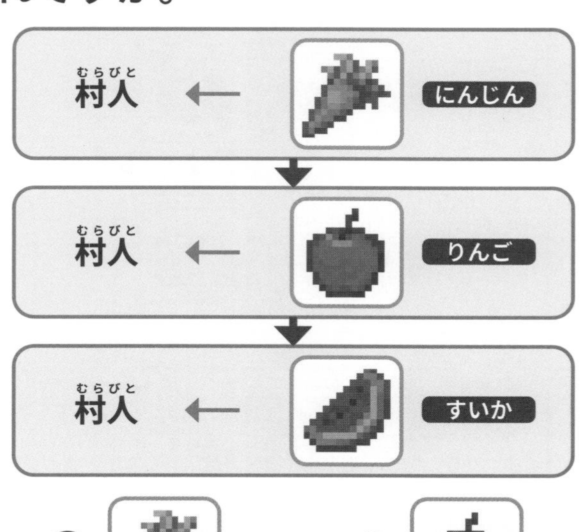

㋐ 

㋑ 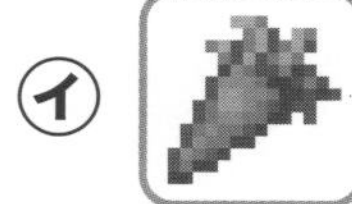

㋒ 

(　　　)

2 スティーブが　つぎの　じゅんばんで　村人(むらびと)に　カードを　見(み)せた　とき　村人(むらびと)が　おぼえて　いる　たべものは　㋐〜㋒の　どれですか。

30 てん

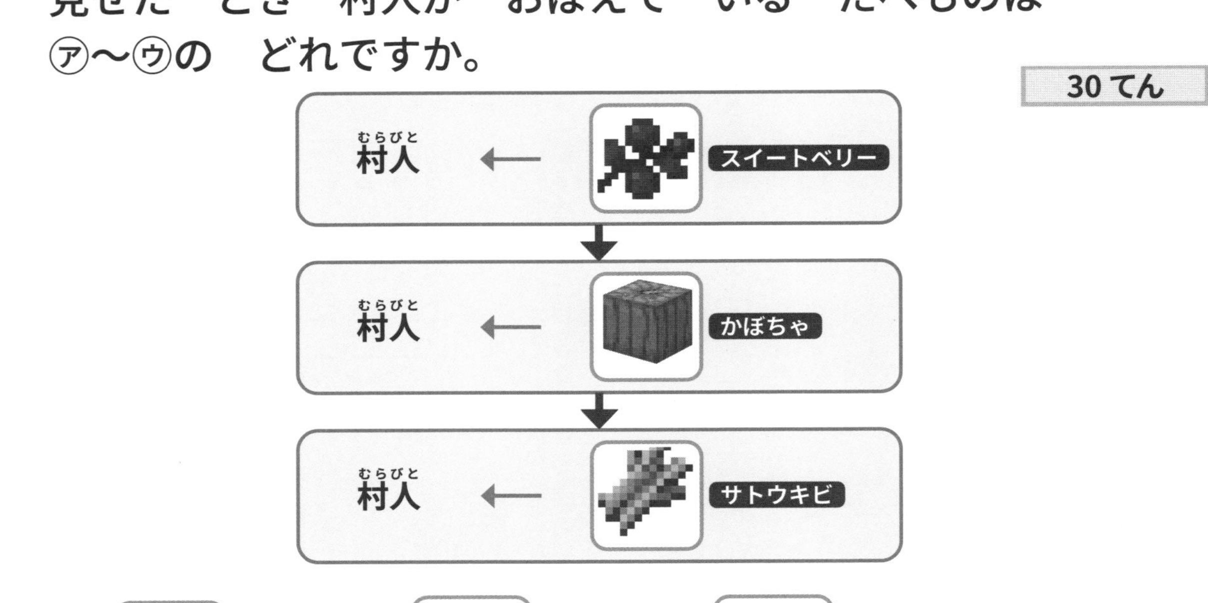

（　　　）

3 村人(むらびと)に　こむぎ　の　カードを　おぼえてもらうには　㋐〜㋒の　どの　じゅんばんに　つたえると　いいですか。

40 てん

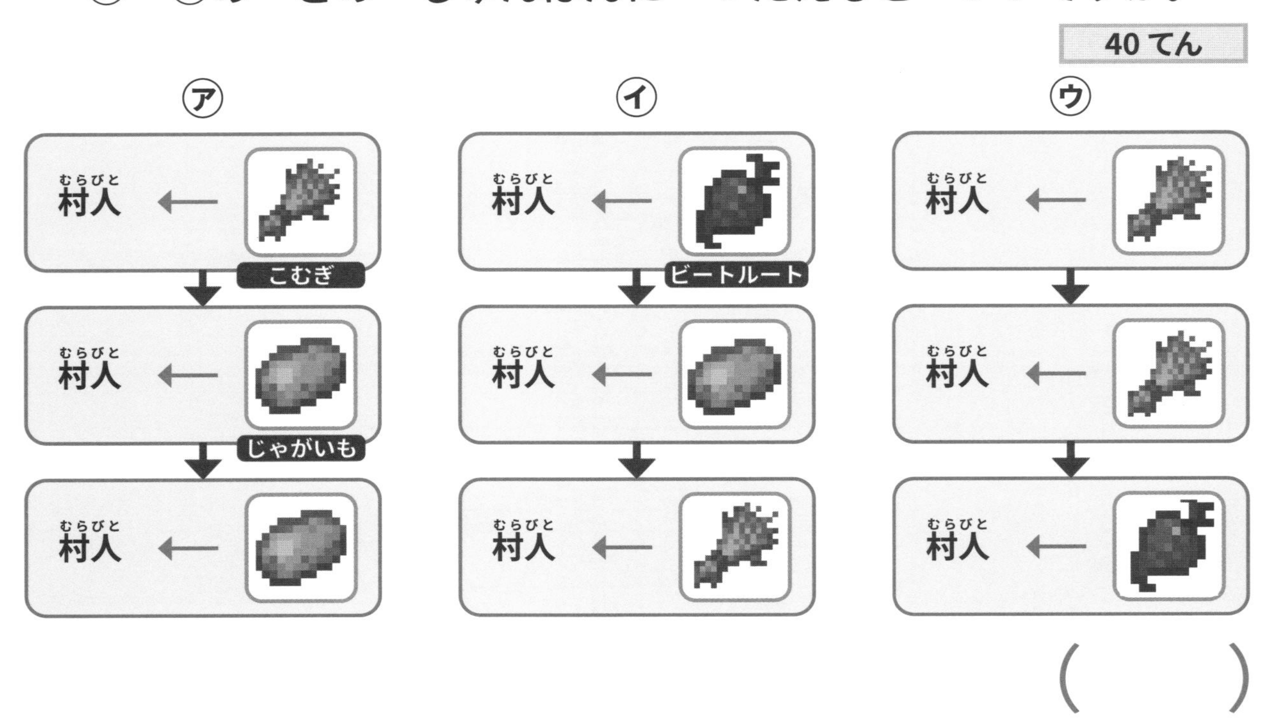

（　　　）

33 どうくつからの　だっ出(しゅつ)

やったね
シールを
はろう

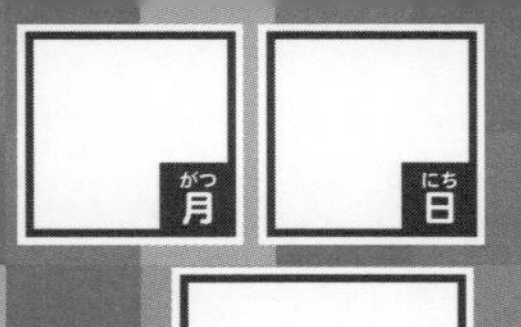

1 スティーブと　アレックスと　ウマが　どうくつを
すすんで　いると　いきどまりに　ぶつかりました。
かんばんに　かかれた　かずを　おぼえなければ　先(さき)に
すすめません。

①おぼえて　いる　かずが　大(おお)きい　ほうに　○を　つけましょう。

30てん（1つ10てん）

(1)　スティーブ（　　）　アレックス（　　）

(2)　アレックス（　　）　ウマ（　　）

(3)　スティーブ（　　）　ウマ（　　）

②スティーブたちが　おぼえて　いる　かずを　つかって
けいさんして（　　）に　こたえを　かきましょう。

30てん（1つ10てん）

(1)　スティーブ　＋　アレックス　＝（　　）

(2)　アレックス　＋　ウマ　＝（　　）

(3)　スティーブ　＋　ウマ　＝（　　）

2 スティーブたちが　２つ目の　どうくつを　すすんで　いると　いきどまりに　ぶつかりました。かんばんに　かかれた　かずを　おぼえなければ　先に　すすめません。

①おぼえて　いる　かずが　小さい　ほうに　○を　つけましょう。

20 てん
（1つ 10 てん）

⑴　スティーブ（　　）　アレックス（　　）

⑵　アレックス（　　）　ウマ（　　）

②スティーブたちが　おぼえて　いる　かずを　つかって　けいさんして（　　）に　こたえを　かきましょう。

20 てん
（1つ 10 てん）

⑴　ウマ　－　アレックス　＝（　　　）

⑵　ウマ　－　スティーブ　＝（　　　）

34 まとめの ミニテスト

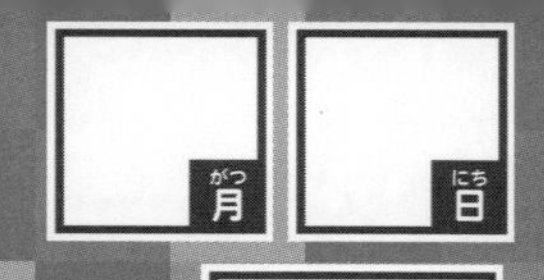

やったね シールを はろう

65 ～ 68 ページで 学しゅうした 「へんすう」を おさらいしましょう。

1 スティーブが ほしい アイテムと こうかん できる カードを もって 村人に あいに いきます。村人は さいごに 見た カードに かかれた ものを おぼえる ことが できます。

①スティーブが つぎの じゅんばんで 村人に カードを 見せた とき 村人が おぼえて いる アイテムは ㋐～㋒の どれですか。

20 てん

（　　）

②村人に チェーンの ブーツ の カードを おぼえて もらうには ㋐～㋒の どれを つたえると いいですか。

20 てん

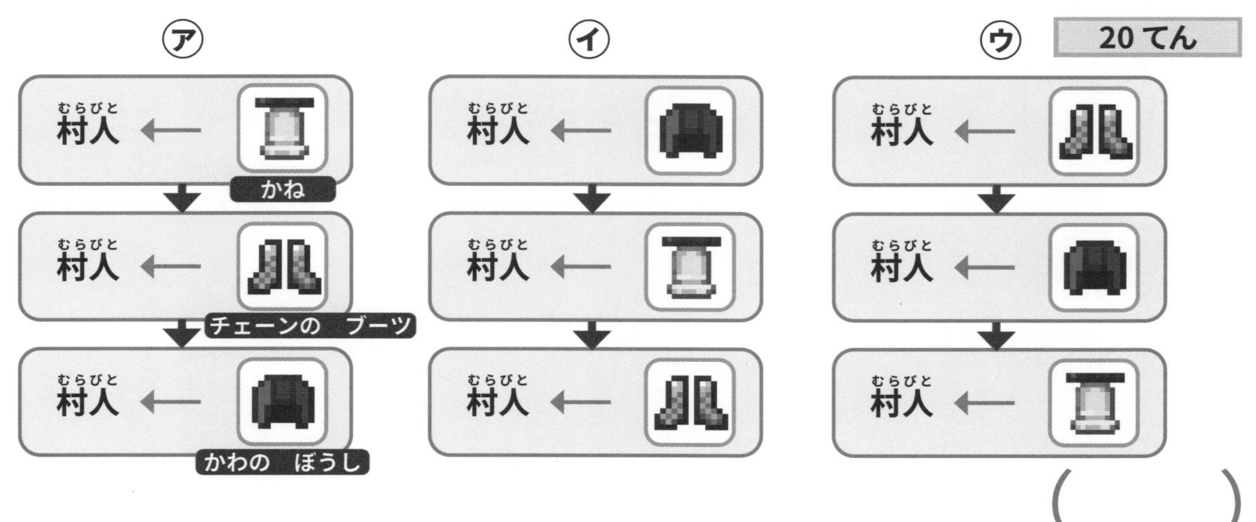

（　　）

2 スティーブと　アレックスと　ロバが　どうくつを　すすんでいると　いきどまりに　ぶつかりました。かんばんにかかれた　かずを　おぼえなければ　先(さき)に　すすめません。

①おぼえて　いる　かずが　大(おお)きい　ほうに　○を　つけましょう。

30 てん
(1 つ 10 てん)

(1)　スティーブ　(　　　)　　アレックス　(　　　)

(2)　アレックス　(　　　)　　ロバ　(　　　)

(3)　スティーブ　(　　　)　　ロバ　(　　　)

②スティーブたちが　おぼえて　いる　かずを　つかって
けいさんして　(　　)に　こたえを　かきましょう。

30 てん
(1 つ 10 てん)

(1)　アレックス　＋　ロバ　＝　(　　　)

(2)　スティーブ　＋　ロバ　＝　(　　　)

(3)　アレックス　－　スティーブ　＝　(　　　)

35 まとめの　テスト１

やったね シールを はろう

月　日　てん

1 生(い)きものの　カードを　下(した)から　じゅんに　かさねて いきます。どの　じゅんに　かさねて　いきましたか。㋐〜㋓を　かきましょう。

30 てん

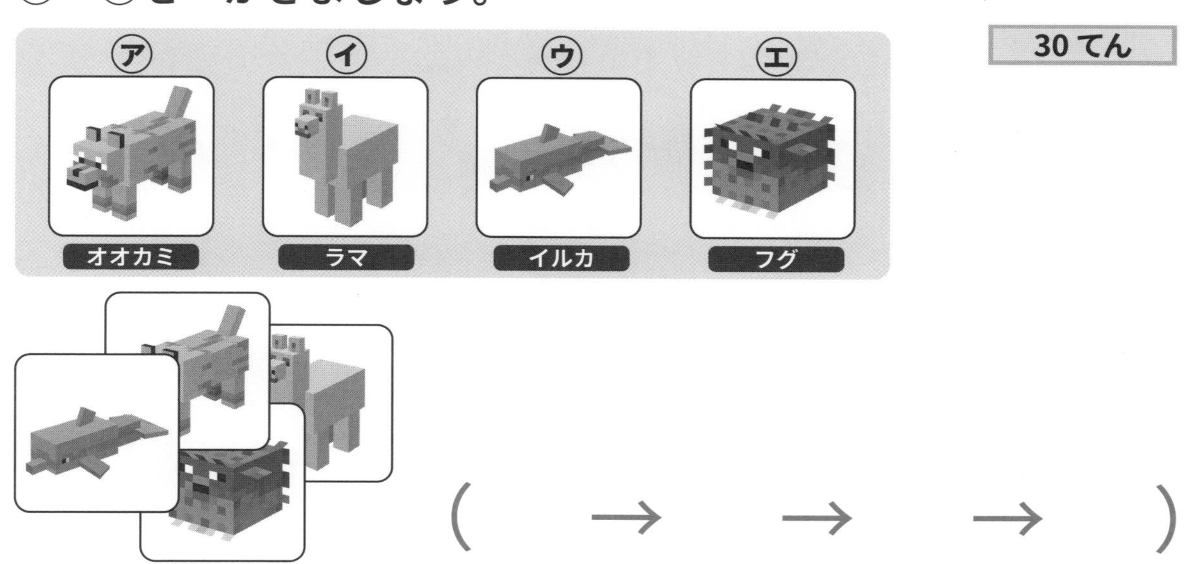

（　→　→　→　）

2 スティーブが　ボートで　たからさがしに　いきます。ボートは　スティーブが　めいれいした　じゅんばんに うごきます。つぎのように　めいれいした　とき　ボートは ㋐〜㋓の　どこに　つきますか。

30 てん

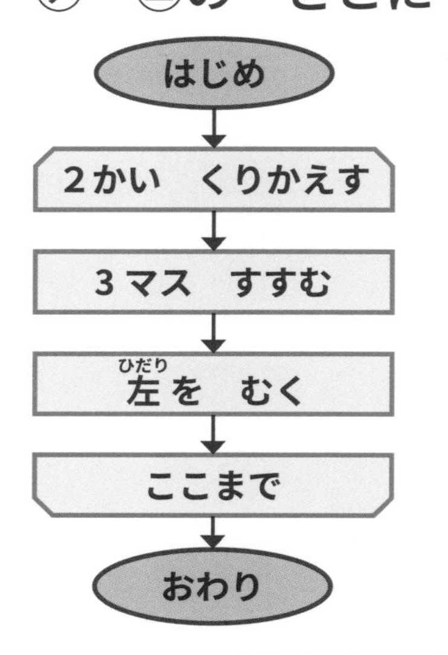

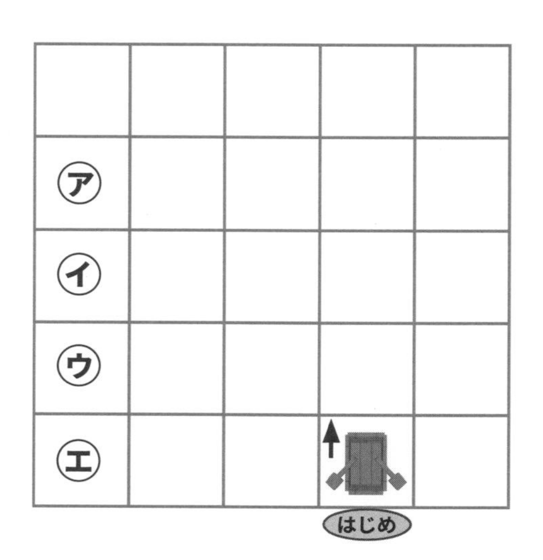

（　　）

3 アレックスは　かおの　カードを　もって　います。

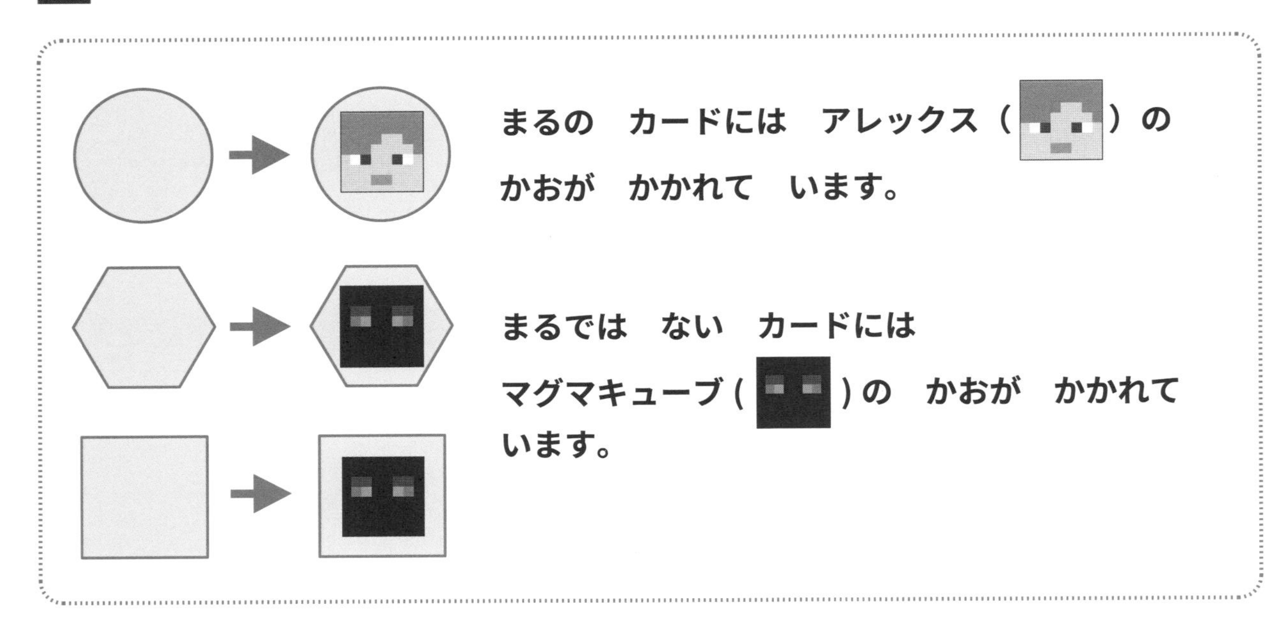

つぎの　㋐〜㋓の　うち　かおが　正しく　かかれて　いるのは
どれですか。

40てん

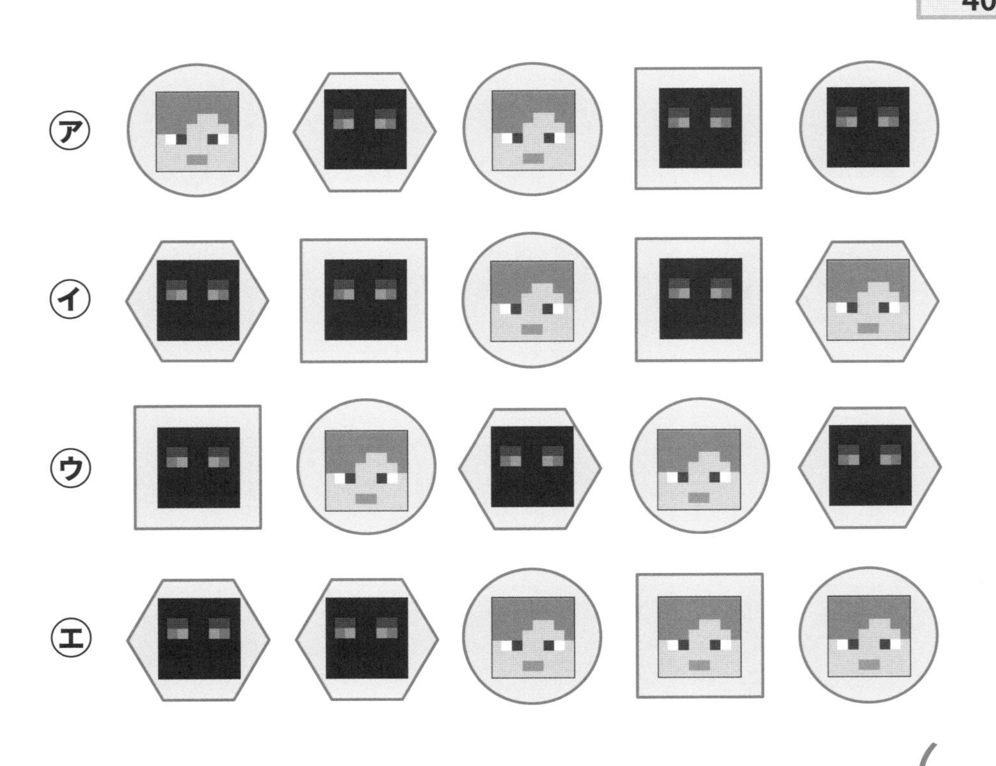

（　　　）

36 まとめの テスト２

やったね シールを はろう

1 トロッコは アレックスが めいれいした とおりに えきに むかって すすみます。トロッコが えきに つく ことが できる 正しい めいれいは どちらですか。

20てん

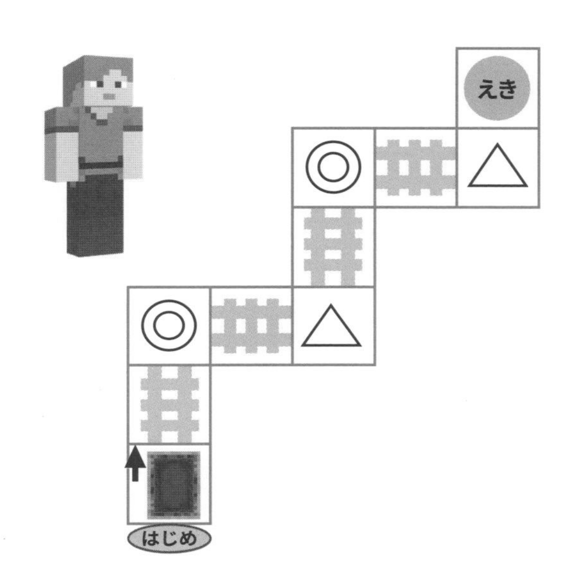

㋐ ◎に きたら 左を むく
△に きたら 右を むく

㋑ ◎に きたら 右を むく
△に きたら 左を むく

（　　　）

2 スティーブが はる（3月～5月）と あき（9月～11月）に カメを 見に いく りょこうの けいかくを 立てて います。スティーブが 出かける ことが できない 月と カメが いない 月に それぞれの マークが あります。

はる			あき		
3月	4月	5月	9月	10月	11月
×	×		×		×

はる			あき		
3月	4月	5月	9月	10月	11月
×		×	×		×

スティーブが りょこうに いく ことが できて カメを 見る ことが できる 月は ㋐～㋓の どれですか。

20てん

㋐ 4月　㋑ 5月　㋒ 10月　㋓ 11月

（　　　）

3 スティーブと　アレックスと　ブタが　どうくつを　すすんで　いると　いきどまりに　ぶつかりました。かんばんに　かかれた　かずを　おぼえなければ　先(さき)に　すすめません。

①おぼえて　いる　かずの　大(おお)きい　ほうに　○を　つけましょう。

30 てん
(1つ 10 てん)

(1)　スティーブ　（　　）　　アレックス　（　　）

(2)　アレックス　（　　）　　ブタ　（　　）

(3)　スティーブ　（　　）　　ブタ　（　　）

②スティーブたちが　おぼえて　いる　かずを　つかって　けいさんして　（　　）に　こたえを　かきましょう。

30 てん
(1つ 10 てん)

(1)　スティーブ　＋　アレックス　＝（　　）

(2)　アレックス　－　ブタ　＝（　　）

(3)　スティーブ　－　ブタ　＝（　　）

こたえ

1 カードを　かさねよう

1 ①スティーブ→ゾンビ→アレックス
②アレックス→ゾンビ→スティーブ
③スティーブ→アレックス→ゾンビ

2 ① ㋒→㋓→㋑→㋐
② ㋒→㋐→㋑→㋓
③ ㋓→㋒→㋐→㋑
④ ㋑→㋓→㋐→㋒

ポイント
カードを順に重ねていくプロセスをとおして、「順序（決められた処理を１つずつ順番に実行すること）」の考え方を学びます。キャラクターの違いをよく見て、カードの枚数を確認した後、下から順に考えてみましょう。

2 ほう石を　ほり出そう

1 ㋐→㋒→㋑
2 ㋑→㋐→㋓→㋒

ポイント
ブロックを上から順にこわしていくプロセスをとおして、「順序」の考え方を学びます。まず、ブロックの形と色をよく見て、ブロックの数を確認した後、上から順にこわしていきましょう。

3 アレックスの　いえ

1 ㋓→㋑→㋒→㋐→㋔
2 ㋐→㋔→㋓→㋒→㋑

ポイント
家のパーツを下から順に積んでいくプロセスをとおして、「順序」の考え方を学びます。まず、家の形をよく見て、パーツの数を確認した後、下から順に積んでいきましょう。

4 キノコの　めいろ

1

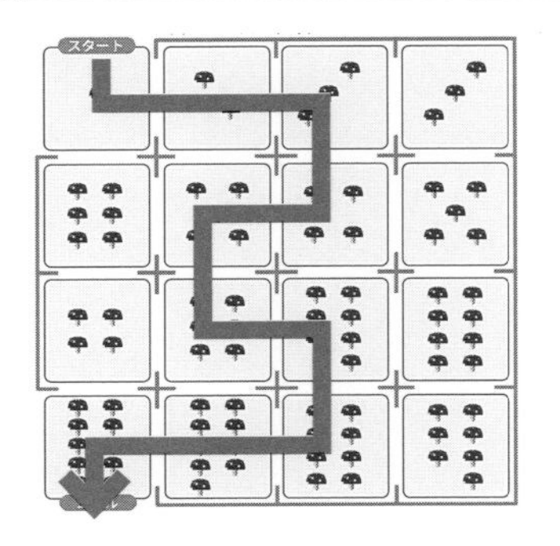

2

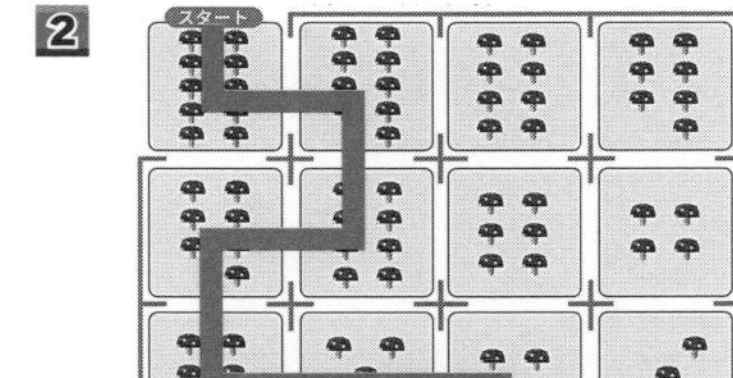

ポイント
キノコの数を順に増やしたり、減らしたりするプロセスをとおして、「順序」の考え方を学びます。キノコの数を数えながら、マスを進みましょう。

5 花を　うえよう

1 ㋓
2 ㋒

ポイント
花を植木鉢に植える工程をとおして、「順序」の考え方を学びます。植える工程や花の色をよく見て、考えてみましょう。**2**は、完成した鉢植えを見て、植える工程を考える問題です。

6 どうくつを　だっ出しよう

1 3
2 2
3 3
4 （ニワトリ）2　（スティーブ）3

ポイント
順に並んだキャラクターが出口から出てくる順番を予測して、「順序」の考え方を学びます。まず、キャラクターの並び順を左から「１番目、２番目、３番目」と数えながら確認した後、出口に出てきたキャラクターは何番目に出てきたかを考えましょう。

7 まとめの　ミニテスト

1 ㋒→㋑→㋔→㋐→㋓

2

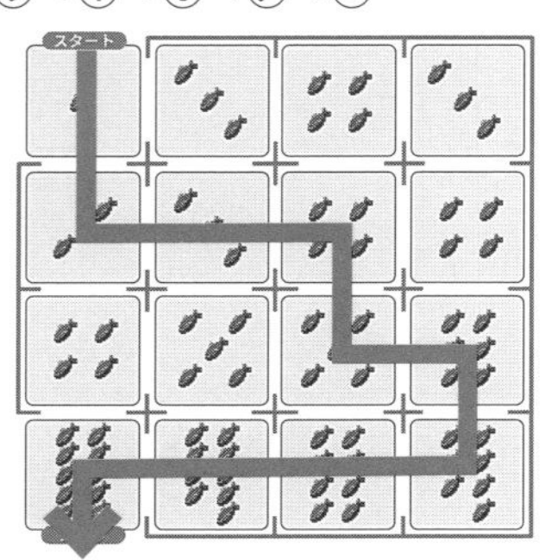

ポイント

「順序」について考えるまとめの問題です。1は、ブロックの形と色をよく見て、ブロックの数を確認した後、上から順にこわしていきましょう。2は、魚の数を数えながら、マスを進みましょう。

8 2まいの　カードを　ならべよう

1 ㋑
2 ㋐
3 ①㋐　②㋑
4 ㋒

ポイント

絵柄の違う2枚のカードで1つのまとまりを作って、それを繰り返し配置していくことをとおして、「繰り返し（決められた処理を1つのまとまりとして、繰り返し実行すること）」の考え方を学びます。まず、2枚のカードをよく見たら、繰り返しの回数を確認して、当てはまるカードを選びましょう。

9 3まいの　カードを　ならべよう

1 ㋒
2 ㋑
3 ㋒
4 ㋑

ポイント

8と同じ考え方です。ここでは、3枚のカードで1つのまとまりを作って、それを繰り返します。

10 2つの　たべものを　ならべよう

1 ㋒
2 ㋓
3 ㋑

ポイント

2種類の食べ物で1つのまとまりを作って、それを繰り返し配置していくことをとおして、「繰り返し」の考え方を学びます。まず、繰り返しの回数を確認します。次に、2種類の食べ物の順をよく見て、繰り返す回数と同じものを探しましょう。3は、2種類の食べ物と順を見てから、正しい命令を探します。「フローチャート」については、12の ポイント を参照してください。

11 3つの　たべものを　ならべよう

1 ㋑
2 ㋑
3 ㋐

ポイント

10と同じ考え方です。ここでは、3種類の食べ物で1つのまとまりを作って、それを繰り返します。

12 たからさがしに　いこう

1 ㋑
2 ㋒
3 ㋑

ポイント

「フローチャート（プログラムの処理内容を図で表したもの。図にすることで、理解しやすく、間違いも見つけやすくなる）」で示された命令で動くボートの動きをとおして、「繰り返し」の考え方を学びます。フローチャートは、［　　］と［　　］ではさんで、繰り返しの実行範囲を表します。繰り返しの回数を確認して、進むマスの数と方向を命令の通りに進んで、最終地点を目指しましょう。3は、出発点と最終地点が決まっていて、それに当てはまる命令を探します。

13 たからさがしに　いこう（パワーアップへん）

1 ㋐
2 ㋓
3 ㋐

ポイント

12と同じ考え方です。

14 まとめの　ミニテスト

1 ㋑
2 ①㋑　②㋐
3 ㋓
4 ㋐

ポイント

「繰り返し」について考えるまとめの問題です。**1**は、２枚のカードをよく見て、繰り返しの回数を確認して、当てはまるカードを選びましょう。**2**は、３枚のカードをよく見て、繰り返しの回数を確認して、当てはまるカードを選びましょう。**3**は、フローチャートで繰り返しの回数を確認します。次に、３種類の野菜と順をよく見て、繰り返す回数と同じものを探しましょう。**4**は、繰り返しの回数を確認して、進むマスの数と方向を命令の通りに進んで、最終地点を目指しましょう。また、進むマスの数が増えているので注意しましょう。

15 わかれみちを　すすもう（1）

1 ㋒
2 ㋑

ポイント

条件に従って、分かれ道を進んでいくことをとおして、「分岐（条件によって実行する処理を変えること）」の考え方を学びます。ここでの条件は、分かれ道で「はい」あるいは「いいえ」で進むことです。指示に従って進みましょう。

16 たからばこを　さがそう

1 6
2 ㋒

ポイント

15 と同じ考え方です。右・左は間違えやすいポイントです。アレックスの後ろ姿を指さして、「右手はどちらかな」などと右・左を確かめてから問題に取り組むとよいでしょう。

17 わかれみちを　すすもう（2）

1

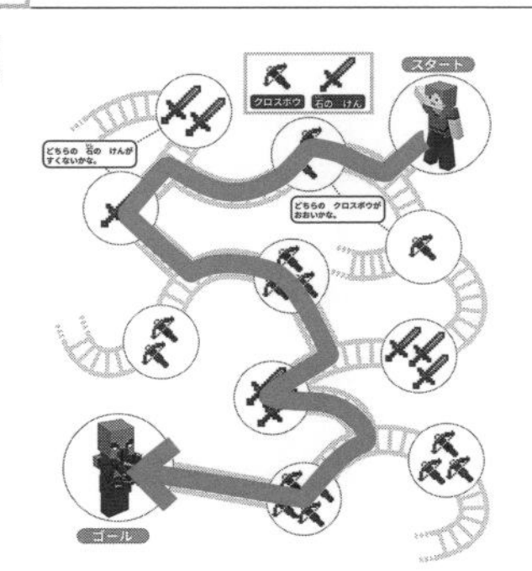

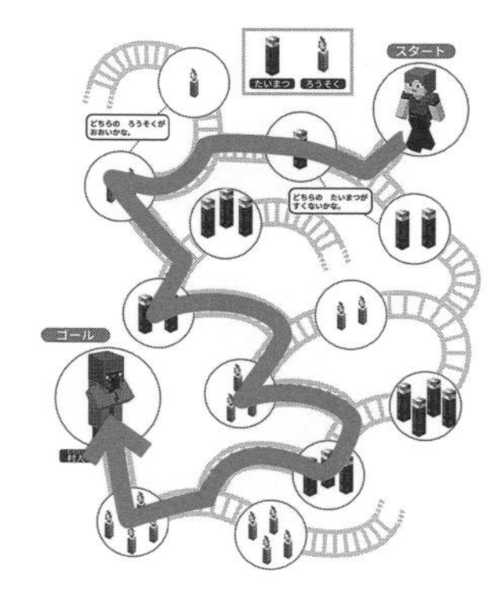

ポイント

15、**16** と同じ考え方です。**1**は、クロスボウは数が多い方、石の剣は数が少ない方とアイテムによって分岐の条件が変わることに注意しましょう。

18 ぼうえんきょうで　見(み)た　もの

1 ㋑
2 ㋒
3 ㋒
4 ㋐

ポイント

３つの条件すべてに当てはまるものを選ぶことをとおして、「分岐」の考え方を学びます。ここでの条件は、キャラクターの体の向きです。指示と同じ向きを探しましょう。**4**は、体の向きを見て、当てはまる３つの条件を探します。

19 森(もり)の　ようかんの　たからばこ

1 ①かわの　うわぎ
②ダイヤの　けん
③コンパス、かわの　うわぎ
④ダイヤの　けん、コンパス
2 ㋒

ポイント

カードに描かれた図形により、もらえるアイテムが決まることをとおして、「分岐」の考え方を学びます。カードの図形が、どのアイテムと交換できるのかを考えてみましょう。**2**は、スティーブがカードを引いたときにもらったアイテムのすべてを考えます。

20 かおの　カード

1 ㋓
2 ㋑

ポイント

3つの図形があって、条件に当てはまる場合と、そうでない場合で絵が変わることをとおして、**「分岐」**の考え方を学びます。それぞれの図形に入る絵が何かを確認して、図形と絵が合っているものだけを探しましょう。

21 たからばこを　手に　入れよう

1 ①

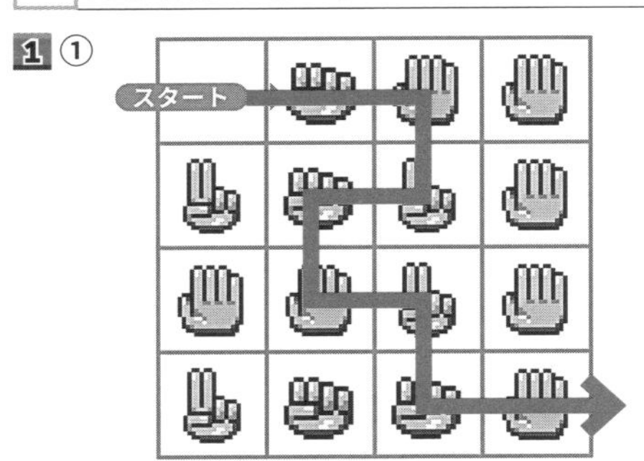

②

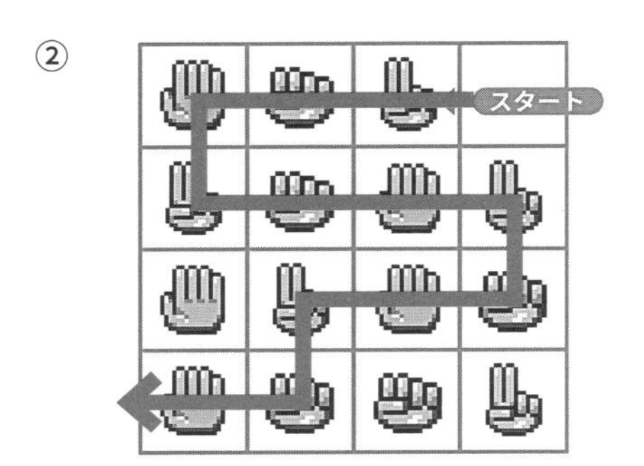

2 ①

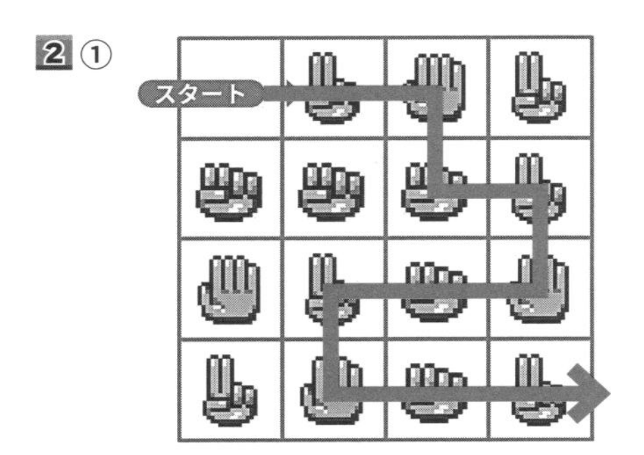

②

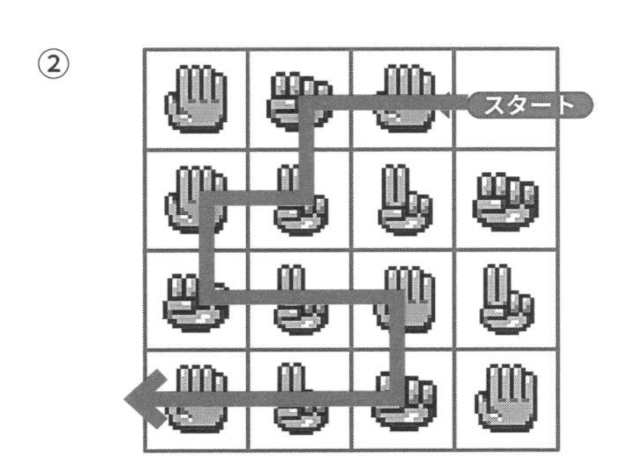

ポイント

じゃんけんに勝ったり、負けたりする条件に当てはまるものを選ぶことをとおして、**「分岐」**の考え方を学びます。**1**は、じゃんけんに勝ちながら、1マスずつ進みましょう。**2**は、じゃんけんに負けながら、1マスずつ進みましょう。

22 かまどで　りょうりを　しよう

1 ① 1
② 0
③ 1

2 ① 2
② 1

ポイント

条件をフローチャートで表し、食材を選ぶことをとおして、**「分岐」**の考え方を学びます。まず、何の食材かを確認して、ボウルに入った数を考えましょう。

23 まとめの　ミニテスト

1

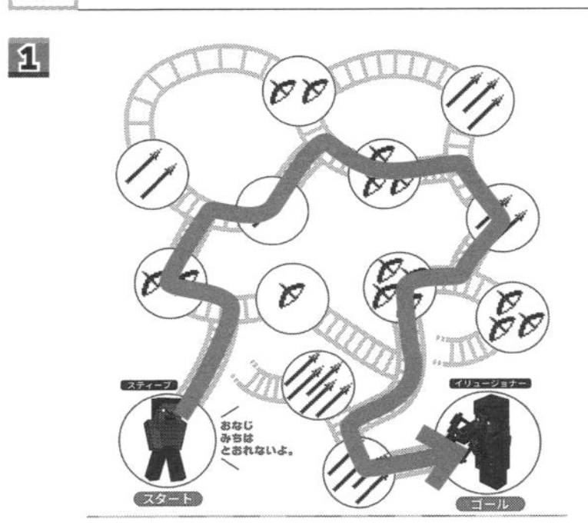

2 ㋒

3

スタート

ポイント

「分岐」について考えるまとめの問題です。**1**の条件は、分かれ道でアイテムの「多い」「少ない」を選びながら進むことです。指示に従って、進みましょう。**2**の条件は、キャラクター3体の体の向きです。3体とも条件と同じ体の向きのイラストを探しましょう。**3**の条件は、じゃんけんに勝つマスを選びながら進むことです。勝つ方を選んだら、1マスずつ進みましょう。

24 トロッコで　えきへ　いこう

1 ㋐
2 ㋑
3 ㋑

ポイント

トロッコがポイント地点に来たときに方向を変える動きをとおして、**「イベント処理（何か特定のことが起きたときに、プログラムが処理を実行すること）」**の考え方を学びます。ポイント地点のマークに来たとき、どの方向へ進むかを確認して、ゴールを目指しましょう。**3**は、絵を見てマークと方向を確認しながら、正しい命令を選びます。

25 トロッコで　みなとへ　いこう

1 ㋒
2 ㋐
3 ㋑

ポイント

24と同じ考え方です。ポイント地点が増えています。まず、それぞれのポイント地点のマークに来たとき、どの方向へ進むかを確認して、ゴールを目指しましょう。**1**と**2**は、絵を見てマークと方向を確認しながら、正しい命令を選びます。

26 たからの　ちず

1 ㋑
2 ① ㋐
② ㋒

ポイント

コンピュータにある「0＝消灯」と「1＝点灯」の値を使用してできる画像の表現をとおして、**「2進法（「0」と「1」の2つの数字で数を表すこと。コンピュータは、電気が流れない時を「0」、流れる時を「1」として処理している）」**の考え方を学びます。1に色を塗ったときの模様を確認しましょう。**2**の②は、マスの数が増えているので、よく見て確認しましょう。

27 かくしとびらの　スイッチ

1 ① ㋒
② ㋐
2 ① ㋒
② ㋑

ポイント

コンピュータでは、「0」と「1」の2つの値を使って表現する2進法以外に、0～9とA～Fの16個の英数字を用いた16進法なども使います。ここでは、「0」と「1」に加えて、「2」も含めた3つの数字を使った問題に取り組みます。**1**は、1と2に色がついたときの模様を確認しましょう。**2**は、それぞれのマスの数が増えているので、よく見て確認しましょう。

28 りょこうの　けいかくを　立(た)てよう

1 ㋒
2 ㋑、㋓

ポイント

「旅行に行くことができる月」と「イルカが泳いでいる月」の組み合わせをとおして、**「論理積（すべての条件が成り立つということ）」**の考え方を学びます。まず、2つのカレンダーを見くらべて、「旅行に行くことができる月」と「イルカが泳いでいる月」が重なったのはどの月かを確認しましょう。

29 えらんだ　ものは？

1 ㋑
2 ㋒

ポイント

キャラクターが乗る動物や乗り物とアイテムを上から順に選んで完成させることをとおして、二分木などの**「木構造（データの表し方の1つ。1つの要素を起点とし、複数の要素に枝分かれして、樹木のように広がる構造のこと）」**の考え方を学びます。それぞれのキャラクターが乗る動物や乗り物とアイテムを上から順によく見て、正しい組み合わせを探しましょう。

30 アイテムを　とり出(だ)そう

1 ㋑
2 ① (1) ㋐　(2) ㋑　(3) ㋐
② (1) ㋐　(2) ㋑　(3) ㋒　(4) ㋑　(5) ㋐

ポイント

積まれたチェストの中から1つのチェストを取り出すことをとおして、**「スタック」**という、ものの入れ替えと戻す方法について学びます。まず、取り出すチェストを確認して、上に積まれたチェストを順に横に置いていきます。目的のチェストが取り出せたら、上に積まれていたチェストを元の順番通りに戻しましょう。

31 まとめの　ミニテスト

1 ㋒
2 ㋒
3 ㋑
4 (1) ㋐　(2) ㋑　(3) ㋒　(4) ㋓　(5) ㋒　(6) ㋑　(7) ㋐

ポイント

「イベント処理」と「コンピュータの考え方」についてのまとめの問題です。1は、それぞれのポイント地点のマークに来たとき、どの方向へ進むかを確認して、ゴールを目指しましょう。2は、1に色を塗ったときの模様を確認しましょう。3は、1と2の色が消えたときの数字を確認しましょう。4は、取り出すチェストを確認して、上に積まれたチェストを順に横に置いていきます。目的のチェストが取り出せたら、横に置いたチェストを元の順番通りに戻しましょう。

32 村人(むらびと)が　見(み)た　もの

1 ㋐
2 ㋑
3 ㋑

ポイント

村人が最後に見たものを覚えることをとおして、「変数（さまざまな数値や文字列などのデータを保存する領域のこと）」の考え方を学びます。1の村人は「にんじん」と「りんご」は忘れて、最後の「すいか」だけ覚えることができます。

33 どうくつからの　だっ出(しゅつ)

1 ① (1) アレックス　(2) アレックス　(3) ウマ
　② (1) 12　(2) 13　(3) 11
2 ① (1) アレックス　(2) アレックス
　② (1) 5　(2) 2

ポイント

キャラクターの名前がついた変数を使い、数の大小の比較や足し算・引き算をすることをとおして、「変数」の値による処理の変化について学びます。それぞれの数字をよく見て、どちらが大きいか、小さいかを考えましょう。足し算と引き算では、算数で習ったことを思い出しながら解いてみましょう。

34 まとめの　ミニテスト

1 ① ㋒
　② ㋑
2 ① (1) アレックス　(2) アレックス　(3) スティーブ
　② (1) 7　(2) 3　(3) 4

ポイント

「変数」についてのまとめの問題です。1は、村人が最後に覚えたカードを確認して、正しいものを選びましょう。2は、それぞれの数字をよく見て、どちらが大きいか、小さいかを考えましょう。足し算と引き算では、算数で習ったことを思い出しながら解いてみましょう。

35 まとめの　テスト 1

1 ㋑→㋓→㋐→㋒
2 ㋐
3 ㋒

ポイント

「順序」「繰り返し」「分岐」のまとめの問題です。1は、生き物の違いをよく見て、カードの数を確認した後、下から順に考えてみましょう。2は、繰り返しの回数を確認して、進むマスの数と方向を命令の通りに進んで、最終地点を目指しましょう。3は、それぞれの図形に入る絵が何かを確認して、図形と絵が合っているものだけを探しましょう。

36 まとめの　テスト 2

1 ㋑
2 ㋒
3 ① (1) スティーブ　(2) アレックス　(3) スティーブ
　② (1) 25　(2) 3　(3) 8

ポイント

「イベント処理」「コンピュータの考え方」「変数」のまとめの問題です。1は、それぞれのポイント地点のマークに来たとき、どの方向へ進むかを確認して、ゴールを目指しましょう。2は、2つのカレンダーを見くらべて、「スティーブが出かけることができない月」「カメがいない月」をよく見て、「出かけることができる」「カメを見ることができる」のはどの月なのかを確認しましょう。3は、それぞれの数字をよく見て、どちらが大きいか、小さいかを考えましょう。足し算と引き算では、算数で習ったことを思い出しながら解いてみましょう。